U0239107

地方水污染物排放标准编制方法与推进策略研究

——以山东省为例

谢 刚　史会剑　王玉涛　乔元波　著

山东大学出版社
SHANDONG UNIVERSITY PRESS

·济南·

图书在版编目(CIP)数据

地方水污染物排放标准编制方法与推进策略研究：
以山东省为例/谢刚等著.—济南:山东大学出版社，
2023.5
ISBN 978-7-5607-7685-9

Ⅰ.①地… Ⅱ.①谢… Ⅲ.①水污染物－污染物排放
标准－研究－山东 Ⅳ.①X52

中国版本图书馆 CIP 数据核字(2022)第 248640 号

责任编辑　李昭辉
封面设计　杜　婕

地方水污染物排放标准编制方法与推进策略研究
DIFANG SHUIWURANWU PAIFANG BIAOZHUN BIANZHI
FANGFA YU TUIJIN CELUE YANJIU
——以山东省为例

出版发行	山东大学出版社
社　　址	山东省济南市山大南路 20 号
邮政编码	250100
发行热线	(0531)88363008
经　　销	新华书店
印　　刷	济南乾丰云印刷科技有限公司
规　　格	720 毫米×1000 毫米　1/16
	12 印张　185 千字
版　　次	2023 年 5 月第 1 版
印　　次	2023 年 5 月第 1 次印刷
定　　价	60.00 元

前　言

　　我国的水污染物排放标准体系建设与我国的环境保护事业是同步发展的。水污染物排放标准是进行水环境量化管理的重要手段和法规依据,由国家和地方两级标准构成。地方排放标准作为对国家排放标准的补充或提高,其排放限值必须严于国家排放标准,其效力也高于国家排放标准。

　　1985 年,北京市政府发布了《北京市水污染物排放标准(试行)》,标志着我国地方水污染物排放标准制定工作的开始。经过多年的发展,全国各地在制定水污染物排放标准方面进行了不同程度的探索,其中,山东省的水污染物排放标准制定工作走在了全国前列,形成了以"行业型+流域型"为特色的水污染物排放标准体系。2003 年,山东省从污染最为严重的造纸行业入手,开启了以环境标准倒逼"两高"行业转方式、调结构的新路子,在全国率先发布实施了第一个地方行业标准——《山东省造纸工业水污染物排放标准》。通过分阶段逐步加严标准,推动落后生产力的淘汰进程,山东省的造纸行业以较小的社会和经济代价,取得了污染减排、产业结构优化升级等多重效益,最后实现了由行业标准到流域水污染物综合排放标准的逐步过渡。目前,山东省已形成了由 5个流域水污染物排放标准、1 个农村生活污水处理处置设施水污染物排放标准、1个医疗机构水污染物排放控制标准组成的"5＋2"水污染物排放标准体系。

山东省坚持水陆统筹、河海兼顾，以科学的标准限值逐步破解高污染、高耗水和生态破坏的瓶颈，倒逼经济发展方式转变的标准制定思路和经验值得进一步研究和总结，为此，本书编写人员在对环境标准理论基础和国内外实践加以介绍的基础上，对山东省水污染物排放标准体系的发展历程、编制方法与技术进行了分析说明，并运用生命周期分析和环境计量分析方法，对标准实施绩效进行了科学的分析和度量。

本书既是对环境标准体系建设的经验总结，又是环境政策评估的典型案例，对于学术界和环境管理从业人员都具有较大的参考价值。由于本书编写人员水平有限，各种不妥与疏漏之处在所难免，在此敬请广大读者予以批评指正。

谢　刚

2022 年 5 月

目　录

第一章 环境标准发展概述

制定和实施环境标准是重要的环境管理手段,对改善环境质量发挥着重要的作用。本章在对环境标准相关理论进行介绍的基础上,对国家和地方的环境标准,尤其是水污染物排放标准的发展和实践进行了梳理及分析。

第一节 环境标准理论基础

一、环境标准的定义

环境标准是为维护公共利益而制定的,这就决定了环境标准具有不同于其他标准的特性。按国际通行做法,环境标准中的环境质量标准和污染物排放(控制)标准采用技术法规的管理体制,由国家有关行政部门组织制定。

目前,我国学术界具有代表性的环境标准的定义包括以下几种:

(1)环境标准是有关控制污染、保护环境的各项标准的总称,是国家为了保护人民健康,促进生态良性循环,实现社会经济发展目标,获得理想的环境效益,根据国家的环境政策和法规,在综合考虑自然环境特征、社会经济条件和科学技术水平的基础上,规定的环境中污染物的允许含量和污染源排放物的数量、浓度、时间、速率以及其他有关技术规范。

(2)环境标准是国家为了维护环境质量、控制污染,从而保护人群健康、社会财富和生态平衡,按照法定程序制定的各种技术规范的总称。在我国,环境标准是依法制定和实施的规范性技术文件,环境标准体系的核心内容——环境质量标准和污染物排放(控制)标准是环境保护技术法规,其他环境标准是为满足实施环境保护技术法规的需要和满足环境保护执法、管理工作的需要而制定的。

(3)我国于2021年实施的《生态环境标准管理办法》将各项环境标准统一称为生态环境标准,并将其定义为"由国务院生态环境主管部门和省级人民政府依法制定的生态环境保护工作中需要统一的各项技术要求"。生态环境标准由国家生态环境标准和地方生态环境标准共同构成,是一个相互衔接、密切配合、协调运转、不可分割的有机整体。

二、环境标准的法律属性与法律意义

在某些国家,环境标准的法律地位由环境法律作出规定。例如,美国的《清洁水法》将环境标准作为独立于法规、排污限额的一类环境法律;加拿大的《环境保护法》表明,环境标准可作为一类法律规章而存在。我国的环境标准与环境法律法规也有密切关系,有关制定、实施、管理环境标准的法规是环境法律法规的重要组成部分。

在我国,环境标准并未明确纳入法规之列,其法律效力及法律地位由相关法律法规所确认。根据《中华人民共和国环境保护法》的规定,国务院环境保护主管部门根据国家环境质量标准和国家的经济、技术条件,制定国家污染物排放标准。环境标准中的环境质量标准和污染物排放(控制)标准是依法具有强制力的环境保护技术法规,其强制力来源于国家环境保护法律中对于达到标准义务和违反标准责任的规定。按照"纳入其中即为组成"的法学逻辑,也可以认为环境标准在形式上属于环境法的体系。从作用来看,环境标准可以为环境法所援引或者适用,产生法律上的强制实施效果,成为环境保护的重要法治措施之一。

环境标准的法律意义包括以下几点：

（1）环境标准使环境执法有据可依，即环境标准中的指标要求和技术规范是判断污染源是否存在环境违法行为，从而追究相关责任人法律责任的法律依据。环境违法行为包括环境民事违法行为、环境刑事违法行为和环境行政违法行为。

（2）环境标准使环境行政管理有据可依，即环境制度标准是环境主管部门进行行政指引、行政裁量、行政处罚的规范化制度保障。从环境行政执法层面上看，环境标准为环境法律法规的执行、环境政策的落实、环境监督管理职能的实现提供了定量化手段。

（3）环境标准同样是公民衡量自身环境权益与环境义务的标尺。环境标准所规定的指标限值影响着公民环境行为的边界及环境权利义务受保护的界限。

三、环境标准的特征

环境标准具有以下特征：

（一）环境标准是国家环境战略规划目标的体现

国家环境战略规划目标是通过一系列环境政策方针、环境法律法规及环境标准制度来体现的。环境标准就是将国家环境战略规划目标进行多地域、多阶段、多行业的定量化分解，从而为各部门的环境保护工作与健康发展创造条件。

（二）环境标准具有引导产业科技进步的作用

环境标准依据科研成果与实践，规范了科学可行的先进污染防治技术与环境保护工艺、设备，是自主创新、技术进步的导向，同时为淘汰落后产能、深化供给侧结构性改革创造了条件。

四、环境标准制定的基本原则

《生态环境标准管理办法》第十条规定,我国环境标准制度的目的是保护生态环境,保障公众健康,增进民生福祉,促进经济社会可持续发展,限制环境中的有害物质和因素,为此需要制定一系列的环境保护技术要求和检验方法。标准的制定需要与国家创新、协调、绿色、开放、共享的发展理念相一致,以改善环境质量为核心,以满足环境管理需求和突破环境标准发展的"瓶颈"问题为重点,建立支撑适用、协同配套、科学合理、规范高效的环境标准体系与管理机制,为环境管理提供强有力的标准支持。

生态环境标准制定的基本原则主要有系统性原则、适用性原则、先进性与科学性原则、协调性原则。

(一)系统性原则

制定环境标准需要以环境质量标准和污染物排放标准为重点,全面推进各类环境标准的制定工作,使标准体系全面、精干、有效。这就要求重点关注关键标准的制定及修订,同时加强其余相关标准的衔接配合,使其发挥协同作用,这样才能使整个体系正常运行,以达到支持环境管理工作的目的。

(二)适用性原则

环境标准的制定者应综合考虑地理条件、经济发展水平及不同行业企业的特征差异,结合自然生态系统的环境负荷容量来规划不同的适用条件和适用范围。例如,《关于加强地方环境保护标准工作的指导意见》指出,要因地制宜,制定地方环境标准规划或计划,明确制定地方环境标准的重点区域等。同时,应区别对待我国种类繁多的行业企业,识别其关键污染特征,进行分类指导;还要充分发挥环境标准在改善环境质量、调整经济结构等方面的作用。

（三）先进性与科学性原则

制定环境标准应以先进的科学研究成果及历史实践经验作为编制依据，即以污染防治技术分类分级评估和排放数据统计分析结果为基础，以环境标准实施成本、环境效益预测分析等为科学支撑，使标准内容与先进国际标准接轨，兼具科学性与经济可行性。环境标准的制定及修订需要进行充分的实地调研与数据收集，每一项污染物环境基准的确定，都需要在长期大量的试验研究基础上完成。

（四）协调性原则

环境标准必须与相应的法律法规配套，与相关的环境政策相协调。在国家的环境战略规划下，环境标准与排污许可、环境影响评价、总量控制等制度的衔接配套应得到系统梳理，明确标准的定位与作用。同时，各类环境标准间应理顺关系，合理进行污染物排放标准的行业拆分。通过制定和实施环境标准，达到环境效益、经济效益和社会效益相统一的目的。

五、环境标准的构成

我国的环境标准经历了一个从无到有、从少到多、从单一的环境标准到基本形成环境标准体系的发展过程。环境标准的框架体系是指根据环境标准的性质、内容和功能，以及它们之间的内在联系，将其进行分级、分类，构成一个有机联系的统一整体。经过多年的发展，我国现行的生态环境标准体系由两级六类标准组成，两级指国家和地方，六类则包括生态环境质量标准、生态环境风险管控标准、污染物排放标准、生态环境监测标准、生态环境基础标准和生态环境管理技术规范。

（一）环境标准的分级

按照制定标准的主体和适用的行政区划范围，环境标准可分为国家环境标准和地方环境标准。

1.国家环境标准

根据《中华人民共和国环境保护法》第十六条的规定(国务院环境保护主管部门根据国家环境质量标准和国家经济、技术条件,制定国家污染物排放标准),国家环境标准主要针对的是全国范围内具有针对性、普遍性及示范性的环境保护问题,其按照全国的平均水平和要求确定控制指标和具体数值。

2.地方环境标准

对于国家环境标准中未作规定的项目,各省、自治区、直辖市人民政府可以制定地方环境标准;对于国家环境标准已经作出规定的项目,各省级人民政府还可以制定更加严格的规定。地方环境标准是对国家环境标准的补充或提高,其效力高于国家环境标准。

(二)环境标准的分类

环境标准可以依照级别、法律效力、介质和覆盖的行业进行分类。

1.依照级别分类

国家环境标准具有较高的指导性和适用范围的广泛性,一般包括国家生态环境质量标准、国家生态环境风险管控标准、国家污染物排放标准、国家生态环境监测标准、国家生态环境基础标准和国家生态环境管理技术规范;而地方环境标准包括地方生态环境质量标准、地方生态环境风险管控标准、地方污染物排放标准和地方其他生态环境标准。

2.依照法律效力分类

依照法律效力,可将环境标准分为强制性环境标准和推荐性环境标准。我国《生态环境标准管理办法》第五条规定,国家和地方生态环境质量标准、生态环境风险管控标准、污染物排放标准和法律法规规定强制执行的其他生态环境标准,以强制性标准的形式发布,强制性生态环境标准必须执行。法律法规未规定强制执行的国家和地方生态环境标准,以推荐性标准的形式发布。推荐性生态环境标准被强制性生态环境标准或者规章、行政规范性文件引用并赋予其强制执行效力的,被引用的内容必须执行,推荐性生态环境标准本身的法律效力不变。

3.依照介质分类

依照介质,可将环境标准分为大气、水、海洋、土壤、固体废弃物、化学品、核与辐射安全、声与振动、自然生态、应对气候变化等领域的标准。

4.依照覆盖的行业分类

依照覆盖的行业,可将环境标准分为综合型、行业型标准等。例如,水污染物排放标准可以进一步分为综合标准、行业标准。

第二节　环境标准体系的发展

一、国家环境标准体系的发展

改革开放前,我国政府已经开始关注自然环境的污染和破坏问题。改革开放后,经过多年的发展,我国的环境标准体系已经初具规模,并且形成了由国家和地方两级构成的,包括生态环境质量标准、生态环境风险管控标准、污染物排放标准、生态环境监测标准、生态环境基础标准和生态环境管理技术规范六大方面在内的环境标准体系。

我国环境标准体系的形成和发展大致可划分为以下三个阶段:

第一阶段是1949～1973年。在该阶段,我国制定和实行的环境标准属于局部环境质量标准性质,主要以保护人体的基本健康为主。1956年,国家建设委员会、卫生部共同颁布实施的《工业企业设计暂行卫生标准》是我国颁布的第一个环境标准,此后,国务院、建筑工程部、卫生部相继出台施行了《生活饮用水卫生规程》(1959年)、《放射性工作卫生防护暂行规定》(1960年)、《工业企业设计卫生标准》(1962年)。这些标准的制定对与环境保护有关的城市规划、工业企业设计及卫生监督工作起到了指导和促进作用。但是,这一阶段的环境标准还只是比较抽象和简单的规定,是仅涉及某些环境要素的环境质量标准。

第二阶段是1973～1979年。1973年,第一次全国环境保护工作会议召开,会上,在进一步充实、修订已有标准的同时,我国开始制定工业"三废"排放标准。在这一阶段,我国先后颁布了《生活饮用水卫生标准》《工业企业设计卫生标准(修订)》。特别是 1973 年国家计委、国家建委、卫生部颁发的《工业"三废"排放试行标准》是我国环境标准体系工作取得的一项突破性进展,这标志着我国的环境质量标准开始向污染物排放标准过渡。

第三阶段是自 1979 年至今。1979 年《中华人民共和国环境保护法(试行)》颁布实施,紧接着,有关大气、水、噪声、海洋等的环境保护法律法规先后颁布。尤其是近年来,全国各地各级部门对环境标准给予了极大的重视和高度关切,在全国范围内组织了多学科的大批技术力量,投入到我国环境标准体系的建设中。至此,全国性的综合污染防治工作逐步展开,并且开始系统地、全面地制定各种环境标准,进而形成了比较科学的环境标准体系。

二、地方环境标准体系的发展

为强化环境管理,适应所在地区的经济、社会发展情况,近年来,部分地区结合地方实际情况,先后开展了地方环境标准的制定及修订工作。根据 2004 年原国家环境保护总局颁布的《地方环境质量标准和污染物排放标准备案管理办法》,北京、上海、天津、重庆、山东等 20 多个省市已履行了地方标准登记备案手续。截至 2022 年 8 月 25 日,全国已备案 345 项地方生态环境标准,涉及 27 个省、自治区、直辖市,主要为污染物排放(控制)标准,标准类别包括污染物综合排放、重点行业污染控制、机动车排放及监测、总量控制及流域污染控制等方面。

从整体上看,地方标准的制定、修订和实施工作与地方环境质量改善及环境管理的需求是密切相关的。例如,北京市为实现在奥运会期间改善空气质量的刚性要求,先后颁布实施了十余项机动车大气污染物排放标准,并通过与标准相配套的监管措施,有效改善了首都的环境空气质量,并在此基础上,于 2010 年进一步颁布了五项机动车及油气排放标准,推动北京市的机动车污染控制达到了世界领先水平。天津市为完成"十一五"总量控制因子 COD(化学需氧量)的总量削减任务,于 2008 年颁布实施了地方污水综合排放标准,对辖区内的污水排放进行分类控制,通过标准限值分级管理,推动工业废水实现集中处理,为区域总量削减和水环境质量改善奠定了基础。山西省于 2019 年颁布实施了《燃煤电厂大气污染物排放标准》(DB 14/1703—2019),规定了燃煤电厂大气污染物排放标准的术语和定义、排放控制要求、污染物监测要求、达标判定及实施与监督等,有效改善了山西省的空气质量。

下面,笔者选择部分具有代表性的地方环境标准体系的发展情况进行介绍。

(一)江苏省环境标准体系的发展

早在 20 世纪 80 年代,江苏省就在原国家环境保护局的指导下,由江苏省环境保护局和江苏省标准局组织制定并颁布实施了一系列地方污染物排放标准,为江苏省乃至全国的地方环境标准的制定提供了经验。1998 年,江苏省制定了《江苏省太湖流域总氮、总磷排放标准》(DB 32/191—1998)。2004 年颁布的《江苏省纺织染整工业水污染物排放标准》(DB 32/670—2004)和 2006 年颁布的《化学工业主要水污染物排放标准》(DB 32/939—2006)为江苏省印染行业“二升一”和化工行业整治行动提供了重要的技术支撑。2007 年,江苏省制定了《太湖地区城镇污水处理厂及重点工业行业主要水污染物排放限值》(DB 32/1072—2007),大幅提高了重点行业的排放标准,推动了各类新型污染防治技术的研发和应用,显著降低了区域内氮、磷等污染物的排放,在全国引起了强烈反响。2016 年,江苏省颁布了《表面涂装(汽车制造业)挥发性有机物排放标准》(DB 32/2862—2016),大大减少了汽车整车及车身制造过程中的储运、混合、搅拌、清洗、涂装、干燥及其后处理单元中挥发性有机物的排放。2019 年,江苏省颁布实行了《铅蓄电池工业大气污染物排放限值》(DB 32/3559—2019),该标准适用于现有、新建、改建、扩建铅蓄电池生产企业(含生产设施)的大气污染物排放管理,以及铅蓄电池生产企业(含生产设施)建设项目的环境影响评价、环境保护设施设计、竣工验收及其投产后的大气污染物控制与管理,使江苏省的空气质量得到了改善。

（二）天津市环境标准体系的发展

天津市的环境标准制定及修订工作起步较早，早在 1995 年，天津市就在全国范围内首次颁布实施了《恶臭污染物排放标准》（DB 12/—059—95），该标准奠定了天津市在我国恶臭污染物环境保护领域的领先地位，也为天津市的恶臭污染物防治工作提供了管理依据。随着经济的快速发展，为满足大气环境保护管理工作的要求，2003 年，天津市制定了《锅炉大气污染物排放标准》（DB 12/151—2003），在一定程度上缓解了天津市环境空气质量的下降趋势。进入"十一五"时期后，为响应国家削减主要水污染物总量的要求，同时改善天津市的水环境现状，天津市颁布了《污水综合排放标准》（DB 12/356—2008），有效促进了水环境质量的改善和水污染物总量的削减。该标准也是《地方环境质量标准和污染物排放标准备案管理办法》实施后，天津市经原环境保护部审查备案的第一项地方环境标准。2014 年，天津市颁布了《工业园区清洁生产评价规范》（DB 12/T 525—2014）与《天津市海洋（岸）工程海洋生态损害评估方法》（DB 12/T 548—2014），这两个标准对天津市内工业园区以及管辖海域内海洋工程提出了要求，极大地减少了工业活动产生的污染。另外，2018 年天津市颁布的《恶臭污染物排放标准》（DB 12/059—2018）以及《火电厂大气污染物排放标准》（DB 12/810—2018）均对大气污染物的排放提出了要求，在很大程度上减少了恶臭污染物的排放，提高了天津市的空气质量。

（三）山东省环境标准体系的发展

山东省的环境标准体系发展大致可以分为以下四个阶段：

（1）2002～2006 年，山东省针对水污染问题出台了一系列行业水污染物排放标准，并分阶段将其严格化，逐步提高水污染物排放行业标准的要求。如针对造纸行业这一水污染大户，山东省在全国率先发布了第一个地方行业标准《山东省造纸工业水污染物排放标准》（DB 37/336—2003），并在之后逐渐提高对企业 COD 的排放限制（由略严于国家标准到严于国家标准 4～7 倍）。

（2）2007～2012 年，在行业水污染物排放标准的基础上，山东省先后发布了《山东省南水北调沿线水污染物综合排放标准》(DB 37/599—2006)和《山东省小清河流域水污染物综合排放标准》(DB 37/656—2006)等四项流域水污染物综合排放标准，分流域、分阶段逐步加严，至 2010 年基本取消了重污染行业的"排污特权"，形成了覆盖山东省全境的较为统一的流域标准体系。针对日益严重的大气污染问题，2008～2013 年，山东省先后颁布了多项行业大气污染物排放标准，如《钢铁工业污染物排放标准》(DB 37/990—2008)和《山东省氧化铝工业污染物排放标准》(DB 37/1919—2011)等，初步建立了山东省行业大气污染物排放标准体系；自 2010 年起，环境友好型产品技术要求、污染防治技术政策等推荐性标准的制定工作在山东省全省逐步展开。

（3）2013～2017 年，山东省政府对省内各流域主要污染因子 COD、氨氮(NH_3-N)等的含量指标进行了加严；此外，山东省借鉴水污染治理经验，组织制定了火电、钢铁、建材、锅炉、工业炉窑五大行业的大气污染物排放标准和《山东省区域性大气污染物综合排放标准》(DB 37/2376—2013)，实施分阶段逐步加严的区域性大气污染物排放标准。

（4）2018 年至今，山东省不断优化水污染物排放标准体系，形成了以《流域水污染物综合排放标准　第 1 部分：南四湖东平湖流域》(DB 37/3416.1—2018)等 5 个标准为主体，医疗废水、农村生活污水排放标准为辅助的"5＋2"水污染物排放标准体系。目前，山东省正在制定城镇污水处理厂和海水渔业养殖尾水的排放标准，实施以超低排放为主的重点行业排放标准、以常规环境质量达标为主的区域大气污染物综合排放标准和以挥发性有机物控制为主的系列行业排放标准。山东省已经形成了完备的"1＋5＋8"大气污染物排放标准体系，包括 1 项区域性大气污染物综合排放标准、5 项分行业排放标准和 8 项挥发性有机物排放系列标准。

截至 2022 年年底，山东省累计发布实施了 143 项生态环境标准和 4 项修改单，其中强制性标准 46 项，推荐性标准 97 项，建立了具有山东特色（从行业到流域/区域）的环境标准体系。这些标准的实施，对加强地方环境管理、规范企业的排污行为、推动污染防治、促进产业结构调整和节能减排等都起到了积极的作用。

第三节　地方水污染物排放标准探索与实践

国家出台的水污染物排放标准反映了全国范围内对废水排放的基本控制要求,地方水污染物排放标准则是对国家标准的补充或提高。1985 年,北京市政府发布了《北京市水污染物排放标准(试行)》,标志着我国地方水污染物排放标准制定工作的起步。但是在 2000 年以前,我国仅有 8 个省或直辖市制定发布了 9 项地方水污染物排放标准,地方标准的制定工作尚未得到全面发展。《中华人民共和国水污染防治法》第十四条规定,省、自治区、直辖市人民政府可以制定严于国家水污染物排放标准的地方水污染物排放标准。依据《中华人民共和国水污染防治法》,原国家环境保护总局于 1983 年发布了《制订地方水污染物排放标准的技术原则与方法》(GB/T 3839—1983)。调研发现,在《山东省造纸工业水污染物排放标准》(DB 37/336—2003)发布前,只有浙江省制定了地方行业水污染物排放标准;在《山东省南水北调沿线流域水污染物综合排放标准》(DB 37/599—2006)发布前,共有贵州、辽宁、上海、湖北、河北、天津、北京、广东、陕西、福建以及江西 11 省市制定了地方水污染物综合排放标准。

目前,我国的水污染物排放标准已形成了"综合型＋行业型"的标准体系,各地的水污染物排放标准体系与国家水污染物排放标准体系不尽相同,可以分为单一型标准体系和复合型标准体系。单一型标准体系是指执行的水污染物排放标准只有综合型、行业型、流域型或特定污染物型标准中的一种;复合型标准体系是指执行的水污染物排放标准为综合型、行业型、流域型或特定污染物型标准相互组合的标准体系,如山东省采用的就是"行业型＋流域型"标准体系。

截至 2021 年,全国部分省、区、市发布和实施的水污染物排放标准如表1-1所示。

表 1-1　全国部分省、区、市发布和实施的水污染物排放标准(截至 2022 年)

	省、区、市	标准名称	标准号	发布时间	标准类型
1	北京市	水污染物综合排放标准	DB 11/307	1985 年首次发布,2005 年第一次修订,2013 年第二次修订	综合型
2	贵州省	贵州省环境污染物排放标准	DB 52/864 代替 DB 52/12	1987 年首次发布,1991 年统一标准号,1999 年第一次修订,2013 年第二次修订,2022 年第三次修订	综合型
3	广东省	水污染物排放限值	DB 44/26	1989 年首次发布,2001 年第一次修订	综合型
4	辽宁省	污水综合排放标准	DB 21/1627 代替 DB 21/59、DB 21/60	1989 年首次发布,2008 年第一次修订,2022 年第二次修订	综合型
5	上海市	污水综合排放标准	DB 31/199	1997 年首次发布,2009 年第一次修订,2018 年第二次修订	综合型
6	湖北省	湖北省府河流域氯化物排放标准	DB 42/168	1999 年首次发布	流域型
7	浙江省	浙江省造纸工业(废纸类)水污染物排放标准	浙 DHJB 1	2001 年首次发布,已废止	行业型
8	福建省	闽江水污染物排放总量控制标准	DB 35/321	1999 年首次发布,2001 年第一次修订,已废止	相当于总量控制文件
9	福建省	九龙江流域水污染物排放总量控制标准	DB 35/424	2001 年首次发布	相当于总量控制文件

续表

	省、区、市	标准名称	标准号	发布时间	标准类型
10	福建省	晋江、洛阳江流域水污染物排放总量控制标准	DB 35/529	2004 年首次发布,已废止	相当于总量控制文件
11	山东省	造纸工业水污染物排放标准	DB 37/336	2003 年首次发布	行业型
12	江西省	袁河流域水污染物排放标准	DB 36/418	2003 年首次发布,已废止	相当于总量控制文件
13	河北省	氯化物排放标准	DB 13/831	2006 年首次发布	综合型
14	天津市	污水综合排放标准	DB 12/356	2008 年首次发布,2018年第一次修订	综合型
15	陕西省	陕西省黄河流域污水综合排放标准	DB 61/224	1996 年首次发布,2006年第一次修订,2011 年第二次修订,2018 年第三次修订	综合型
16	河南省	啤酒工业水污染物排放标准	DB 41/681	2011 年首次发布	行业型
17	重庆市	餐饮船舶生活污水污染物排放标准	DB 50/391	2011 年首次发布,已废止	行业型
18	重庆市	化工园区主要水污染物排放标准	DB 50/457	2012 年首次发布	行业型
19	河南省	蟒沁河流域水污染物排放标准	DB 41/776	2012 年首次发布	流域型
20	北京市	城镇污水处理厂水污染物排放标准	DB 11/890	2012 年首次发布	行业型
21	河南省	发酵类制药工业水污染物间接排放标准	DB 41/758	2012 年首次发布	行业型

	省、区、市	标准名称	标准号	发布时间	标准类型
22	河南省	化学合成类制药工业水污染物间接排放标准	DB 41/756	2012 年首次发布	行业型
23	广西壮族自治区	甘蔗制糖工业水污染物排放标准	DB 45/893	2013 年首次发布	行业型
24	河南省	清溪河流域水污染物排放标准	DB 41/790	2013 年首次发布	流域型
25	河南省	省辖海河流域水污染物排放标准	DB 41/777	2013 年首次发布	流域型
26	河南省	惠济河流域水污染物排放标准	DB 41/918	2014 年首次发布	流域型
27	河南省	贾鲁河流域水污染物排放标准	DB 41/908	2014 年首次发布	流域型
28	陕西省	汉丹江流域（陕西段）重点行业水污染物排放限值	DB 61/942	2014 年首次发布	流域型
29	湖南省	工业废水铊污染物排放标准	DB 43/968	2014 年首次发布，2021 年第一次修订	行业型
30	广东省	电镀水污染物排放标准	DB 44/T 1597	2015 年首次发布	行业型
31	江西省	鄱阳湖生态经济区水污染物排放标准	DB 36/852	2015 年首次发布	综合型
32	浙江省	农村生活污水集中处理设施水污染物排放标准	DB 33/973	2015 年首次发布，2021 年第一次修订	行业型
33	四川省	四川省岷江、沱江流域水污染物排放标准	DB 51/2311	2016 年首次发布	流域型

续表

	省、区、市	标准名称	标准号	发布时间	标准类型
34	安徽省	巢湖流域城镇污水处理厂和工业行业主要水污染物排放限值	DB 34/2710	2016 年首次发布	行业型
35	广东省	练江流域水污染物排放标准	DB 44/2051	2017 年首次发布	流域型
36	广东省	淡水河、石马河流域水污染物排放标准	DB 44/2050	2017 年首次发布	流域型
37	广东省	工业废水铊污染物排放标准	DB 44/1989	2017 年首次发布	特定污染物型
38	广东省	茅洲河流域水污染物排放标准	DB 44/2130	2018 年首次发布	流域型
39	河北省	大清河流域水污染物排放标准	DB 13/2795	2018 年首次发布	流域型
40	河北省	子牙河流域水污染物排放标准	DB 13/2796	2018 年首次发布	流域型
41	江苏省	村庄生活污水治理水污染物排放标准	DB 32/T 3462	2018 年首次发布	行业型
42	江西省	离子型稀土矿山开采水污染物排放标准	DB 36/1016	2018 年首次发布	行业型
43	河北省	黑龙港及运东流域水污染物排放标准	DB 13/2797	2018 年首次发布	流域型
44	浙江省	城镇污水处理厂主要水污染物排放标准	DB 33/2169	2018 年首次发布	行业型
45	陕西省	农村生活污水处理设施水污染物排放标准	DB 61/1227	2018 年首次发布	行业型

	省、区、市	标准名称	标准号	发布时间	标准类型
46	江苏省	太湖地区城镇污水处理厂及重点工业行业主要水污染物排放限值	DB 32/1072	2007 年首次发布,2018年第一次修订	行业型
47	江苏省	纺织染整工业废水中锑污染物排放标准	DB 32/T 3432	2018 年首次发布	行业型
48	江苏省	钢铁工业废水中铊污染物排放标准	DB 32/3431	2018 年首次发布	行业型
49	江苏省	化学工业水污染物排放标准	DB 32/939	2006 年首次发布,2020年第一次修订	行业型
50	山东省	流域水污染物综合排放标准 第 1 部分:南四湖东平湖流域	DB 37/3416.1 代替 DB 37/599	2006 年首次发布,2018年第一次修订。	流域型
51	山东省	流域水污染物综合排放标准 第 2 部分:沂沭河流域	DB 37/3416.2 代替 DB 37/599	2006 年首次发布,2018年第一次修订。	流域型
52	山东省	流域水污染物综合排放标准 第 3 部分:小清河流域	DB 37/3416.3 代替 DB 37/656	2006 年首次发布,2018年第一次修订。	流域型
53	山东省	流域水污染物综合排放标准 第 4 部分:海河流域	DB 37/3416.4 代替 DB 37/675	2007 年首次发布,2018年第一次修订	流域型
54	山东省	流域水污染物综合排放标准 第 5 部分:半岛流域	DB 37/3416.5 代替 DB 37/676	2007 年首次发布,2018年第一次修订	流域型
55	宁夏回族自治区	农村生活污水处理设施水污染物排放标准	DB 64/700	2011 年首次发布,2020年第一次修订	行业型

续表

	省、区、市	标准名称	标准号	发布时间	标准类型
56	山西省	农村生活污水处理设施水污染物排放标准	DB 14/726	2013 年首次发布,2019 年第一次修订	行业型
57	北京市	农村生活污水处理设施水污染物排放标准	DB 11/1612	2019 年首次发布	行业型
58	广东省	小东江流域水污染物排放标准	DB 44/2155	2019 年首次发布	流域型
59	贵州省	农村生活污水处理水污染物排放标准	DB 52/1424	2019 年首次发布	行业型
60	上海市	农村生活污水处理设施水污染物排放标准	DB 31/T 1163	2019 年首次发布	行业型
61	福建省	农村生活污水处理设施水污染物排放标准	DB 35/1869	2019 年首次发布	行业型
62	河南省	农村生活污水处理设施水污染物排放标准	DB 41/1820	2019 年首次发布	行业型
63	黑龙江省	农村生活污水处理设施水污染物排放标准	DB 23/2456	2019 年首次发布	行业型
64	湖南省	农村生活污水处理设施水污染物排放标准	DB 43/1665	2019 年首次发布	行业型
65	湖北省	农村生活污水处理设施水污染物排放标准	DB 42/1537	2019 年首次发布	行业型
66	辽宁省	农村生活污水处理设施水污染物排放标准	DB 21/3176	2019 年首次发布	行业型
67	云南省	农村生活污水处理设施水污染物排放标准	DB 53/T 953	2019 年首次发布	行业型
68	江西省	农村生活污水处理设施水污染物排放标准	DB 36/1102	2019 年首次发布	行业型

省、区、市	标准名称	标准号	发布时间	标准类型
69	甘肃省	农村生活污水处理设施水污染物排放标准	DB 62/4014	2019 年首次发布	行业型
70	天津市	农村生活污水处理设施水污染物排放标准	DB 12/889	2019 年首次发布	行业型
71	安徽省	农村生活污水处理设施水污染物排放标准	DB 34/3527	2019 年首次发布	行业型
72	山东省	农村生活污水处理处置设施水污染物排放标准	DB 37/3693	2019 年首次发布	行业型
73	浙江省	电镀水污染物排放标准	DB 33/2260	2020 年首次发布	行业型
74	重庆市	榨菜行业水污染物排放标准	DB 50/1050	2020 年首次发布	行业型
75	湖南省	水产养殖尾水污染物排放标准	DB 43/1752	2020 年首次发布	行业型
76	吉林省	农村生活污水处理设施水污染物排放标准	DB 22/3094	2020 年首次发布	行业型
77	江苏省	农村生活污水处理设施水污染物排放标准	DB 32/3462	2020 年首次发布	行业型
78	青海省	农村生活污水处理排放标准	DB 63/T 1777	2020 年首次发布	行业型
79	河南省	河南省黄河流域水污染物排放标准	DB 41/2087	2021 年首次发布	流域型
80	四川省	四川省泡菜工业水污染物排放标准	DB 51/2833	2021 年首次发布	行业型

自 1985 年北京市政府发布首个地方水污染物排放标准以来，全国各省、自治区、直辖市在制定水污染物排放标准方面进行了不同程度的探索，其中，山东省的水污染物排放标准制定工作走在了全国前列，形成了以"行业型＋流域型"为特色的水污染物排放标准体系。2003 年，山东省从污染最为严重的造纸行业入手，在全国率先发布实施了第一个地方行业标准——《山东省造纸工业水污染物排放标准》(DB 37/336—2003)，开启了以环境标准倒逼"两高"（高污染、高耗能）行业转方式、调结构的新路子。通过分阶段逐步加严标准，推动落后生产力的淘汰进程，山东省的造纸行业以较小的社会和经济代价，取得了污染减排、产业结构优化升级等多重效益，最后实现了由行业标准到流域水污染物综合排放标准的逐步过渡。

山东省坚持水陆统筹、河海兼顾，以科学的标准限值逐步破解高污染、高耗水和生态破坏的"瓶颈"问题，倒逼经济发展方式转变的标准制定思路和经验值得进一步研究和总结。在本书的后续章节中，笔者将在前文对环境标准理论基础进行介绍的基础上，以山东省为例，对地方水污染物排放标准的制定思路和推进策略、编制方法和技术进行分析说明及经验总结，运用生命周期分析、环境计量分析对标准实施绩效进行科学分析和度量，最后对"十四五"时期地方水污染物排放标准体系的不断完善提出建议。

第二章 山东省概况及水污染治理历程与成效

本章对山东省概况以及山东省水污染治理的历程和成效进行了分析，为后面具体分析山东省水污染物排放标准的编制实施和绩效评估提供了项目背景及整体介绍。

第一节 山东省概况

一、山东省的自然环境概况

(一)地理位置与行政区划

山东省地处中国东部、黄河下游，陆地总面积 15.58 万平方千米，海洋面积 15.96 万平方千米，海岸线全长 3345 千米，约为我国海岸线总长度的 1/6。截至 2021 年年底，山东省辖济南、青岛、淄博、枣庄、东营、烟台、潍坊、济宁、泰安、威海、日照、临沂、德州、聊城、滨州、菏泽 16 个设区的市，136 个县(市、区)。

（二）地形地貌

山东省的地势总体上呈中部高、四周低的特点，中部山地突起，西南、西北低洼平坦，东部缓丘起伏，形成以山地丘陵为骨架、平原盆地交错环列其间的地形大势。山东省平均海拔多在500米以下，在中国地势三级阶梯划分中属于海拔最低的第三级阶梯。以泰山、沂山、蒙山等海拔在500米以上的中部山脉构成鲁中南山地的主体，向四周经海拔200～500米的低山地丘陵过渡到海拔40米以下的山前平原和黄淮海平原，渤海湾地区地势最低，仅高出海平面2～3米。

山东省的地形中部突起，为鲁中南山地丘陵区；东部半岛大都是起伏和缓的波状丘陵区；西部、北部是黄河冲积而成的鲁西北平原区，是华北大平原的一部分。境内平原面积占山东省总面积的65.6%，山地面积占山东省总面积的14.5%，丘陵面积占山东省总面积的15.4%，台地面积占山东省总面积的4.5%。

（三）地表水系及水资源

1.水系概况

从天然水系划分的角度来看，山东省的河流分属黄河、海河、淮河流域及半岛独流入海水系。山东省自然河流的平均密度每平方千米在0.7千米以上，干流长度在5千米以上的河流有5000多条，长度在10千米以上的有1552条，大型河道有15条，包括黄河、徒骇河、马颊河、沂河、沭河、大汶河、小清河、胶莱河、潍河、大沽河、五龙河、大沽夹河、泗河、万福河、洙赵新河。山东的湖泊集中分布在鲁中南山丘区与鲁西南平原之间的鲁西湖带，以济宁为中心，分为两大湖群，以南为南四湖，以北为北五湖。

2.水资源概况

（1）水资源总量构成。山东省的河流主要为季风区雨源性河流，水资源主要来自降水。山东省多年来的平均降水量一般在550～950毫米，由东南向西北递减。就全国范围来看，山东省的降水量仅高于东北、西北和华北的部分地区。

2020 年,山东省水资源总量为 375.30 亿立方米,其中地表水资源量为 259.53 亿立方米,多年平均地下水资源量为 152.6 亿立方米。扣除地表水和地下水重复计算量,山东省多年来的平均水资源量为 303 亿立方米,为全国水资源总量的 1.1%。而数据显示,受全球气候变化的影响,1956~2001 年,山东省降水量呈减少趋势。与 1956~1979 年的水文数据相比,1980~2000 年,黄河、淮河、海河三大流域的降水量平均减少了 6%,地表水资源量减少了 17%,海河流域地表水资源量减少了 41%。

(2)水资源时间分布。受季风气候的影响,山东省降水和地表径流年际变化大,年内分配很不均匀。年际降水量变化大导致年径流量变化大,山东省近 50 年来最大年径流量与最小年径流量的比值高达 14.8(长江以南各河流最大年径流量与最小年径流量的比值一般小于 5),降水量和径流量时常出现连丰、连枯的情况。

山东省水资源的年内分布亦非常不均匀,全年 70% 的降水量和 75%~90% 的径流量集中于汛期(6~9 月),其中 7~8 月的径流量约占全年的 57%,降水量和径流量甚至集中在一两场特大暴雨洪水中,而其余 8 个月(10 月至来年 5 月)的径流量仅占全年的 25% 左右。

(3)水资源空间分布。山东省各地区的降水量、径流量和水资源量差异较大,分布不均匀,总体呈由东南沿海向西北内陆递减的趋势,降水量由鲁东南沿海地区的 850 毫米递减到鲁西北的 550 毫米。年径流量的地区变化更为突出,鲁东南地区多年平均径流深为 260~300 毫米,鲁西北平原和湖西平原多年平均径流深为 30~60 毫米,高值区与低值区的年径流深相差 10 倍以上。

对照《全国水文区划》年径流深的五大类型地带划分,山东省大部分地区属于过渡带(50~300 毫米),少部分地区属于多水带(300~1000 毫米)和少水带(10~50 毫米)。总的来说,山东省只有少部分地区水资源量相对比较丰沛,大部分地区水资源量短缺,更有少部分地区水资源量特别缺乏。

（四）环境管理流域分区

环境管理部门依据环境管理需求,在天然水系和水资源分区的基础上,依据行政区域和流域分区完整性的原则,将山东省划分为南水北调流域、海河流域、小清河流域和半岛流域,2006～2007 年山东省颁布的《山东省南水北调沿线水污染物综合排放标准》(DB 37/599—2006)等四项流域水污染物综合排放标准即包含了上述四个流域,其中《山东省南水北调沿线水污染物综合排放标准》(DB 37/599—2006)适用范围包括六市二县,是山东省覆盖范围最广的一个标准。从流域的自然属性来讲,南水北调流域内的枣庄、济宁、泰安、莱芜、菏泽五市(区)主要汇水流向是南四湖、东平湖,湖泊型流域特征明显;南水北调流域内的临沂市、淄博市沂源县、日照市莒县主要汇水流向是沂沭河,河流型流域特征明显。执行统一的标准在一定程度上忽略了其自然属性及降解规律有所不同的现实。

2018 年,山东省将原四项流域标准整合形成五项流域水污染物综合排放标准,并将原南水北调流域分为南四湖东平湖流域和沂沭河流域,按照各自的流域特点和环境管理需求重新设置环境管理要求。修订后的标准由南四湖东平湖流域、沂沭河流域、小清河流域、海河流域、半岛流域共五部分组成,流域范围划分更加符合新时期水环境管理的需要,标准框架体系更加完善。山东省环境管理流域分区与行政区划的对应关系如表2-1所示。

表 2-1   山东省环境管理流域分区与行政区划

流域	流域面积/万平方千米	比例/%	设区市	县(市、区)
南四湖东平湖流域	2.49	19.7	枣庄市	全部区域
			济宁市	全部区域
			泰安市	全部区域
			济南市	莱芜区、钢城区
			菏泽市	全部区域

流域	流域面积/万平方千米	比例/%	设区市	县(市、区)
沂沭河流域	2.06	16.3	临沂市	全部区域
			淄博市	沂源县
			日照市	莒县
小清河流域	1.51	9.6	济南市	市中区、历下区、历城区、槐荫区、天桥区、长清区、章丘区、平阴县
			淄博市	张店区、临淄区、淄川区、博山区、周村区、桓台县、高青县
			潍坊市	寿光市、青州市
			滨州市	博兴县、邹平县
			东营市	广饶县
海河流域	3.09	19.8	聊城市	全部区域
			德州市	全部区域
			济南市	济阳县、商河县
			滨州市	滨城区、沾化区、惠民县、阳信县、无棣县
			东营市	河口区、利津县(黄河以北区域)、垦利区(黄河以北区域)
半岛流域	4.59	29.3	青岛市	全部区域
			威海市	全部区域
			烟台市	全部区域
			潍坊市	潍城区、寒亭区、坊子区、奎文区、诸城市、安丘市、高密市、昌邑市、昌乐县、临朐县
			日照市	东港区、岚山区、五莲县
			东营市	东营区、利津县(黄河以南区域)、垦利区(黄河以南区域)

南四湖东平湖流域范围包括枣庄、济宁、泰安、菏泽四市和济南市莱芜区、钢城区全部区域。为满足南水北调东线工程调水水质要求,将南四湖东平湖流域划分为核心保护区域、重点保护区域和一般保护区域,实施不同的污染物排放浓度控制标准。

沂沭河流域范围包括临沂市全部区域、淄博市沂源县和日照市莒县。

小清河流域范围包括济南市市中区、历下区、历城区、槐荫区、天桥区、章丘区、长清区、平阴县,淄博市张店区、临淄区、淄川区、博山区、周村区、桓台县、高青县,潍坊市寿光市、青州市,东营市广饶县,滨州市博兴县、邹平县。按照污染物排放去向和接纳水体的水环境功能区划要求,将小清河流域划分为重点保护区域和一般保护区域,实施不同的污染物排放浓度控制标准。

海河流域范围包括聊城市、德州市全部区域,济南市济阳县、商河县以及滨州市滨城区、沾化区、惠民县、阳信县、无棣县,东营市河口区、利津县（黄河以北区域）、垦利区（黄河以北区域）。按照污染物排放去向和接纳水体的水环境功能区划要求,分别执行一级和二级污染物排放浓度控制标准。

半岛流域范围包括青岛市、威海市、烟台市全部区域,潍坊市潍城区、寒亭区、坊子区、奎文区、诸城市、安丘市、高密市、昌邑市、昌乐县、临朐县,日照市东港区、岚山区、五莲县,东营市东营区、利津县（黄河以南区域）、垦利区（黄河以南区域）。按照污染物排放去向和接纳水体的水环境功能区划要求,分别执行一级和二级污染物排放浓度控制标准。

二、山东省社会经济概况

（一）经济社会发展状况

1.经济总量与增长速度

改革开放以来,山东省经历了一个长期的经济快速增长期,经济规模大幅扩张。1980～2010 年,山东省 GDP 以年均 12.0％的速度增长;2012～

2016年,山东省GDP增速稳步下降至10%以下,其中"十一五"和"十二五"期间增长速度分别达16%与10%,分别高于全国同期增长速度4.2和1.6个百分点。2010年,山东省GDP总量已达39416.2亿元,占全国的9.9%,居全国第三位,是1980年GDP总量的30倍(按可比价格计算);2016年,山东省GDP总量已达67008.19亿元(按当年价格计算),按可比价格计算,比上年增长6.36%,占全国的9.01%,是1980年GDP总量的65倍(按可比价格计算);2020年,山东省GDP总量已达73129亿元(按当年价格计算),按可比价格计算,比上年增长3.6%。山东省GDP总量连续多年居全国第三位。2000~2020年山东省GDP及山东省GDP占全国的比重如图2-1所示。

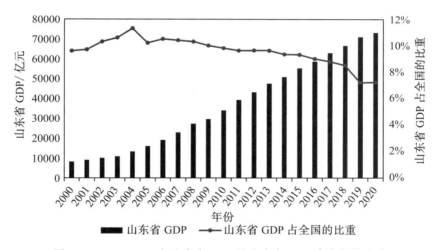

图 2-1 2000~2020年山东省GDP及山东省GDP占全国的比重

2.产业结构

近年来,山东省的产业结构不断优化。2010年,山东省第一、第二、第三产业的增加值占全省总量的比重分别为10.1%、52.2%、37.7%。第一产业的比重比1980年降低了26.3%,第二、第三产业的比重分别增加了2.2%和24.1%。2015年,山东省第一、第二、第三产业的结构比例为8.9:44.9:46.2,第三产业的比重首次超过第二产业,实现了由"二、三、一"到"三、二、一"的历史性转变。2018年,山东省第一、第二、第三产业的结构比例为7.4:41.3:51.3,第三产业的比重首次超过50%,成为山东省经济发展的主引擎。2020 年,山东省第一、第二、第三产业的结构比例为 7.3∶39.1∶53.6。1980～2020 年山东省三大产业的增加值比重变化如图 2-2 所示。

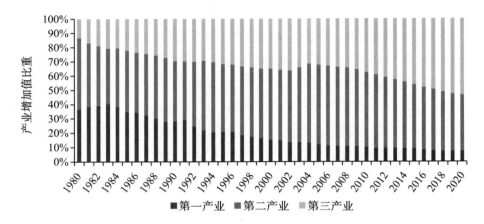

图 2-2 1980～2020 年山东省三大产业的增加值比重变化

3.人口与城市化

2020 年年底,山东省人口达到 10165 万人,较上年增加 59 万人,人口数量居全国第二位;人口总数较 2010 年全国第六次人口普查时增长了 5.99%,高于同期全国人口增长速度(1.45%)。山东省的城市化进程也在逐步加快,城市化水平由 1980 年的 18.7% 增加到了 2010 年的 49.0%,2016 年增长至 59.02%。2017 年,山东省的城市化率首次突破 60%,并于 2020 年达到 63.05%。1984～2020 年山东省城镇人口和城镇化率水平变化如图 2-3 所示。

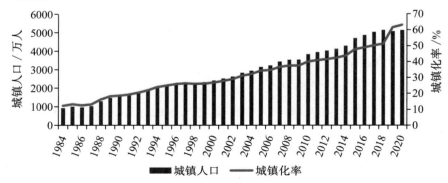

图 2-3 1984～2020 年山东省城镇人口和城镇化率水平变化

4.水资源利用情况

（1）总用水量。自 2010 年以来,山东省的总用水量增长幅度不大。从表 2-2 中可以看出,1985～2018 年,山东省在经济总量增加了 112.4 倍（按当年价格计算）、年均递增 16％以上的前提下,总用水量仅增加了 20％。自 2010 年以来,山东省年用水量保持在 220 亿立方米左右,2013 年以后稳定保持在 220 亿立方米以下,2019 年总用水量重新突破 220 亿立方米,达到 225.26 亿立方米,2020 年下降至 222.5 亿立方米,总用水量增长的趋势基本得到了控制。

表 2-2 山东省多年用水量统计　　　　　　　　　　单位:亿立方米

	生活	工业	农业	生态	总用水量
1985 年	15.25	21.69	147.90	—	184.80
1990 年	19.09	28.39	173.70	—	221.20
1995 年	24.27	37.60	190.90	—	252.80
2000 年	26.98	44.56	176.00	—	243.50
2005 年	25.17	21.76	161.73	2.37	211.00
2010 年	31.34	26.84	159.65	4.64	222.50
2013 年	33.31	28.86	149.72	6.06	217.90
2014 年	33.39	28.64	146.72	5.78	214.50
2015 年	33.99	29.58	143.29	6.89	212.80
2016 年	34.22	30.64	141.50	7.64	214.00
2017 年	34.57	28.85	134.03	12.02	209.47
2018 年	36.05	32.53	133.46	10.62	212.66
2019 年	37.29	31.87	138.23	17.87	225.26
2020 年	37.47	31.91	134.04	19.08	222.50

（2）用水结构。1985 年山东省的总用水量中,生活、工业、农业和生态用水的比例为 8.3：11.7：80.0：0,2010 年生活、工业、农业和生态用水的比

例为 14.1：12.1：71.8：2.1,2018 年这一比例转变为 17.0：15.3：62.8：5.0。可以看出,山东省的生活用水量逐年增加,且在 2005 之后所占比例超过了工业用水所占比例。农业是山东省的用水大户,尽管农业用水比例逐年下降,但在 2010 年仍占全省总用水量的 71.8%。2013 年以后,农业用水比例稳定保持在 70% 以下,2018 年占山东省全省总用水量的62.8%。在 2005 年之后,山东省的工业用水量基本保持在 30 亿吨以下,生态用水实现了“从无到有”的转变。2001 年,山东省在水资源配置中开始考虑生态用水的份额,并逐年予以增加,到 2020 年生态用水比例已上升至全省总用水量的 8.6%。

（3）用水效率。2019 年,山东省万元 GDP 取水量为 31.7 立方米,是全国平均值的 52.1%；万元工业增加值取水量为 13.9 立方米,是全国万元工业增加值取水量的 36.2%；相比于 2000 年,2019 年山东省万元 GDP 取水量减少了约 95.2%。2020 年,山东省万元 GDP 取水量为 30.4 立方米,是全国平均值的 53.15%；万元工业增加值取水量为 13.8 立方米,是全国万元工业增加值取水量的 41.9%。

农业用水包括灌溉用水、农村生活用水和养殖用水,其中灌溉用水比例在 85% 以上。总的来看,山东省各项节水指标在全国处于领先水平。截至2016 年年底,山东省节水灌溉面积占有效灌溉面积的比例已达 74.6% 以上。21 世纪初,山东省灌溉用水有效利用系数为 0.45,2019 年及 2020 年灌溉用水有效利用系数分别达到 0.643 和 0.646,实现了连续增产、增效、不增水。

（二）山东省经济社会发展阶段性特征分析

环境保护需要与基本国情及其阶段性特征相适应。2014 年新修订的《中华人民共和国环境保护法》要求“经济社会发展与环境保护相协调”,这直接反映了对环境保护从认识到实践的重要变化。经济社会发展具有阶段性的特征,而在不同的发展阶段,经济、社会结构以及发展强度对环境的影响明显不同。因此,科学地把握山东省当前所处的发展阶段,是正确分析山东省环境现状与选择环境保护道路的基础。

目前,学术界对工业化阶段的判断尚未形成统一标准,工业化阶段的划分理论主要有霍夫曼定理、钱纳里标准模式、罗斯托阶段划分理论以及库兹涅茨模式等。本书基于钱纳里标准模式、霍夫曼定理以及库兹涅茨模式,选择人均 GDP、三次产业结构、工业内部结构、城市化水平、就业结构和消费结构这六大划分工业化阶段的指标,来分析山东省经济社会发展所处的阶段。

1.人均 GDP

人均 GDP 代表着一个国家(地区)的经济发展水平和富裕程度,经济学界一般把人均 GDP 作为划分经济发展阶段的重要指标。美国经济学家霍利斯·钱纳里(Hollis B. Chenery)等曾运用多国模型对人均经济总量与经济发展阶段的关系进行了研究,其结论是:人均 GDP 在 1200～2400 美元时,经济发展处于工业化初期阶段;人均 GDP 在 2400～4800 美元时,经济发展处于工业化中期阶段;人均 GDP 在 4800～9000 美元时,经济发展处于工业化高级阶段。2010 年,山东省 GDP 为 39416 亿元,人均 GDP 为 41148 元,按年均汇率折算约为 6040 美元;2020 年,山东省 GDP 为 73129 亿元,人均 GDP 为 72151 元,按年均汇率折算约为 11313 美元。对照钱纳里的人均 GDP 标准模式,山东省总体上已进入工业化高级阶段。

2.三次产业结构

美国经济学家西蒙·史密斯·库兹涅茨(Simon Smith Kuznets)等人认为,三次产业结构的发展大致经历了五个阶段(见表 2-3):在工业化的起始阶段,第一产业的比重比较高,第二产业的比重比较低;随着工业化的推进,第一产业的比重持续下降,第二产业和第三产业的比重则相应提高,当第一产业比重降低到 20% 且第二产业比重上升到高于第三产业时,工业化进入中级阶段;当第一产业比重降低到 10% 以下,第二产业比重上升到最大时,工业化进入高级阶段。2015 年,山东省第三产业的比重首次超过第二产业,完成了由"二、三、一"到"三、二、一"的历史性转变。2018 年,山东省第三产业的比重首次超过 50%。从三次产业结构来看,山东省已经进入后工业化阶段。2020 年,山东省第三产业的比重持续超过 50%,山东省将继续处于"三、二、一"的后工业化阶段。

表 2-3　库兹涅茨的工业化发展阶段判断标准

	准工业化阶段	工业化实现阶段			后工业化阶段
	初级产品生产阶段 （第一阶段）	工业化初级阶段 （第二阶段）	工业化中级阶段 （第三阶段）	工业化高级阶段 （第四阶段）	（第五阶段）
三次产业结构	第一产业超过第二产业	第一产业比重超过 20% 且第一产业低于第二产业	第一产业比重低于 20% 且第二产业超过第三产业	第一产业比重低于 10% 且第二产业超过第三产业	第一产业比重低于 10% 且第二产业低于第三产业

3.工业内部结构

德国经济学家瓦尔特·古斯塔夫·霍夫曼（Walther Gustav Hoffmann）通过分析 20 多个国家的工业化时间序列数据发现，尽管各国工业化开始时间不同且发展水平各异，但都表现出一个共同趋势，即在工业化进程中，消费资料工业净产值与生产资料工业净产值的比值不断下降，说明工业结构从以轻工业为中心转向以重工业为中心，即重工业化过程。

基于这一发现，霍夫曼采用霍夫曼系数（轻工业产值/重工业产值）将工业化进程分为四个阶段（见表 2-4）。霍夫曼系数越高，说明消费工业比重越大，资本工业比重越小，工业化水平越低；反之，霍夫曼系数越低，说明工业化水平越高。2010 年山东省的霍夫曼系数为 0.48，2020 年为 0.41，对应于工业化进程的第四阶段，即重工业化阶段。

表 2-4　霍夫曼系数

所处阶段	第一阶段	第二阶段	第三阶段	第四阶段
霍夫曼系数	5（±1）	2.5（±1）	1（±0.5）	1 以下

4.城市化水平

钱纳里等经济学家在研究各个国家经济结构转变的趋势时，曾概括了工业化与城市化关系的一般变动模式：随着人均收入水平的上升，工业化的演进导致产业结构的转变，带动了城市化程度的提高。城市化与工业化是相伴而生、共同发展的，工业化必然带来城市化，而城市化所提供的聚集效应又反过来促进工业化发展。城市化水平一般用城市人口占总人口的比例来衡量,钱纳里等认为,当城市化率小于 36.4% 时,工业化处于初级阶段;当城市化率为 36.5%～50% 时,工业化处于中级阶段;当城市化率为 50%～65.2% 时,工业化处于高级阶段;当城市化率超过 65.2% 时,进入后工业化阶段。2010 年,山东省城市化率为 49.0%,对应于工业化进程的中级阶段。2016 年,山东省城市化率为 59.02%;2017 年,山东省常住人口城镇化率首次突破 60%,达到 60.58%,对应于工业化进程的高级阶段。2020 年,山东省城市化率为 60.27%,预计未来山东省将持续处于工业化进程的高级阶段。

5.就业结构

就业结构是社会经济发展阶段的重要标志。根据配第-克拉克定律,随着工业化的推进,第一产业就业比重不断下降,第二、第三产业就业比重不断提高;当工业化发展到一定阶段时,第二产业就业比重的变化不再明显,就业向第三产业转移,致使第一产业就业比重持续下降,第三产业就业比重持续上升。"十一五"期间,山东省就业结构的变化趋势为第一产业就业比重下降,第二、第三产业就业比重增加,至 2010 年,山东省三次产业就业结构比例为38.0∶31.2∶30.8;至 2020 年,这一比例达到 24.9∶33.4∶41.7,接近工业化高级阶段。

表 2-5　配第-克拉克定理对工业化阶段的划分

工业化阶段	第一产业就业比重	第二产业就业比重	第三产业就业比重
第一阶段	80.5%～100.0%	0～9.6%	0～9.9%
第二阶段	63.3%～80.5%	9.6%～17.0%	9.9%～19.7%
第三阶段	46.1%～63.3%	17.0%～26.8%	19.7%～27.1%
第四阶段	31.4%～46.1%	26.8%～36.0%	27.1%～32.6%
第五阶段	17.0%～31.4%	36.0%～45.6%	32.6%～37.4%
第六阶段	0～17.0%	45.6%～100.0%	37.4%～100.0%

6.消费结构

19世纪,德国统计学家恩斯特·恩格尔(Ernst Engel)根据统计资料,对消费结构的变化得出一个规律:一个家庭收入越少,家庭收入或总支出中用来购买食物的支出所占的比例(即恩格尔系数)就越大;随着家庭收入的增加,家庭收入或总支出中用来购买食物的支出比例会下降。经济学界一般认为,当恩格尔系数低于48%时,即进入工业化初期阶段;而在工业化高级阶段,恩格尔系数一般应在30%或以下。2018年,山东省城镇居民生活消费性支出中,食品消费支出所占比重为26.3%,农村居民食品消费支出占生活消费支出的28.1%。2020年,山东省居民生活消费性支出中,食品消费支出所占比重为27.49%,表明山东省已进入工业化高级阶段。

以上笔者从不同角度,依据不同的标准和评价方式,对山东省工业化所处的阶段进行了分析和判断。基于钱纳里模式以及库兹涅茨模式分析,从人均GDP、工业内部结构、城市化水平、就业结构和消费结构来看,山东省目前处于工业化高级阶段;基于三次产业结构来看,山东省目前处于后工业化阶段。综合来看,山东省目前处于工业化的中后期,工业化进程较快,但仍存在农业劳动力转移较慢、居民消费层次不高、发展不平衡等薄弱环节,要全面实现工业化还需要一定的时间。

发达国家环境变化与经济发展的历程表明,环境问题与经济发展有密切的关系,随着工业化进程的加快和城市化水平的提高,资源和能源消耗也在快速增长,环境污染逐渐严重。20世纪60～70年代,发达国家逐步进入工业化中后期,经济以重工业为主,环境急剧恶化,污染问题日益严峻。

山东省目前正处于工业化的后期阶段,未来10～20年仍然是山东省全面实现工业化的关键时期。尽管通过采取技术、管理等措施可使污染物的排放强度降低,但要实现转方式、调结构还需要相当长的时间。随着经济规模的增长,山东省的污染物总排放量仍有进一步增加的可能。

山东省目前已进入城市化后期阶段,但城市化速度仍在加快,城市污染物的排放量持续增加。自"十五"以来,山东省各市开始注重对环境保护基础设施的投入,进行了大规模集中治理,但由于环境基础设施依然处于偿还历史"欠账"时期,特别是中小城市和城镇环境基础设施建设严重滞后,因此虽然环境保护投入成本增加,但短时间内城市生活污水和垃圾的产生量仍将大幅增加,环境保护的压力仍然很大。

第二节　山东省水生态环境的变化历程

一、水生态状况

长期以来,生态用水在山东省的水资源开发利用中始终未得到充分重视,一直被占作生产用水或生活用水。直到 2001 年,山东省在水资源配置中才开始考虑生态用水并逐年增加。2010 年,山东省生态用水量为 4.64 亿立方米,占总用水量的比例为 2.1%;2020 年,山东省生态用水量达 19.08 亿立方米,占总用水量的 8.6%。但目前的生态用水量仍远不能满足水生态系统健康发展的需求。近年来,山东省除沂沭河尚未断流外,其他河流均发生过断流现象,个别年份全年断流。河流断流使许多湿地失去了供水水源,湿地生态遭到破坏,生物多样性减少。

门类齐全、面积广阔的湿地,是造就山东省良好的生态系统和适宜的人类生存环境的重要因素。山东省于 2011～2014 年完成了第二次湿地资源调查工作,调查结果显示,山东省湿地总面积 173.75 万公顷,与第一次湿地调查时相比,自然湿地减少 63.72 万公顷,减少率为 26.83%,其中滨海湿地平均每年减少 4.02 万公顷,并且破碎化严重,其中围垦和基建占用是导致湿地面积大幅度减少的两个关键因素。由于水资源不足,湿地水源得不到有效补给,经常出现大面积湿地干涸的现象,影响了水生生物的正常生存。湿地周围地区的工农业废水等排入水体,致使湿地水体遭到不同程度的污染,有毒、有害物质不断在生物体内富集和累积,加剧了湿地生态系统恶化的趋势。

人类活动影响使山东省的生物多样性受到了严重威胁。人类活动对物种栖息环境扰动强度大,导致森林、湿地等物种栖息地面积减少,动植物的种类和数量减少,生态功能减弱。1983 年以来,特别是 1999 年南四湖大开发以来,人工围湖养殖和围湖造田规模不断加大,湿地挺水植被带逐渐破碎,至 2006 年,南四湖湿地植被生物量比 1983 年减少了 80%。黄河三角洲湿地因黄河断流,物种资源的分布和栖息环境受到严重影响。由于环境污染,20 世纪 90 年代末,山东小清河原有的大银鱼和中华绒螯蟹已基本绝迹,鱼类种群组成遭到严重破坏。文献资料显示,山东省有濒危野生高等动物 80 种,其中包括极危物种 3 种、濒危物种 11 种、易危物种 34 种和近危物种 32 种;濒危野生维管束植物 24 种,其中包括极危物种 1 种、易危物种 6 种和近危物种 17 种。

山东省地下水超采也引发了严重的生态问题。山东省水资源总量不足,地下水是山东省重要的水资源,其开发利用量占全省水资源供水量的 65% 左右。近年来,由于开采布局不够合理,加上地表水过度拦截,在山东省局部地区出现了较大面积的地下水超采漏斗区,2003 年达到最大值 2.86 万平方千米,浅层地下水超采区主要分布在淄博、潍坊、聊城、德州、济宁等平原井灌区,深层地下水超采区主要分布在菏泽、聊城、德州等鲁西南、鲁西北地区。大面积的地下漏斗在部分地区引发了地下水位下降、地面沉降、海咸水入侵等一系列生态环境问题。山东省的地下水开采区中,济南开采区和济宁开采区的地面沉降较为严重。其中,济宁城区水源地附近因地下水局部开采强度过大,引发了较大幅度的地面沉降,1980 年以来最大沉降量达 200 毫米。

海水入侵主要发生在莱州湾沿岸烟台市的龙口、莱州一带的滨海平原,这一带第四系含水层颗粒较粗,渗透性好。近年来,过量开采地下水造成地下水位低于海平面,形成倒比降,使海水倒灌到陆地含水砂层,地下水受到咸水浸染;原生咸水入侵发生在潍坊市北部、东营市广饶县的地下水超采区,近 20 年来原生咸水向南推进,使淡水区范围不断缩小。自 1990 年以来,山东省海水入侵、原生咸水入侵面积约为 1600 平方千米。

二、水环境质量状况

20 世纪 80 年代以来,山东省的水体污染问题逐步显现,以河流污染最为突出。图 2-4 和图 2-5 所示分别是 1984～2020 年山东省主要河流断面化学需氧量(COD)及氨氮平均浓度和劣 V 类断面所占比例的变化趋势图。可见,山东省的水环境质量以 1997 年为分水岭,总体呈先恶化、后改善的趋势,经历了由轻度污染(1984 年)到中度污染(1985～1987 年),再到重度污染(1988～2005 年),最后进入水质加速改善(2006 年至今)阶段的过程。

根据山东省水环境质量变化的趋势,山东省的水体污染大致可划分为三个阶段:快速污染阶段(1984～1989 年),污染物平均浓度和劣 V 类断面比例逐年快速攀升;治污拉锯战阶段(1990～2002 年),污染物平均浓度和劣 V 类断面比例处于高位波动;环境持续改善阶段(2003 年至今),污染物平均浓度和劣 V 类断面比例逐年快速下降。

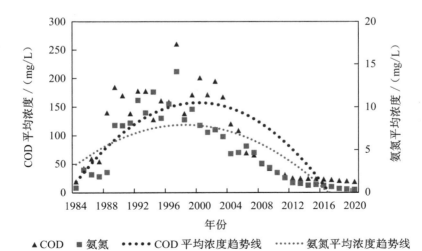

图 2-4　1984～2020 年山东省主要河流断面 COD 及氨氮平均浓度变化趋势

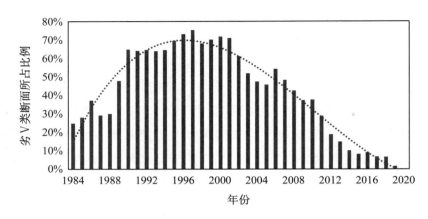

图 2-5　1984～2020 年山东省主要河流断面劣Ⅴ类断面所占比例变化趋势

　　1997 年是污染最为严重的年份,河流 COD 平均浓度高达 259.9 mg/L。从 1996 年起,山东省采取了以行政手段为主的治污措施,使水污染状况有所缓解,但仍比较严重。2002 年河流 COD 平均浓度为 194.7 mg/L,为Ⅴ类水质标准的 5 倍;氨氮浓度为 7.33 mg/L,为Ⅴ类水质标准的 3 倍多。在此期间,山东省河流的污染水平远高于全国平均水平,21 条省控河流劣Ⅴ类水河长占总评价河长的 61.1%,而当年全国劣Ⅴ类水河长占总评价河长的平均比例为 17.5%。据 2002 年《全国地表水资源质量年报》对全国各省份河流水质的评价结果,山东省的河流平均水质仅好于宁夏、上海,为全国倒数第三位。

　　2010 年,山东省河流 COD 平均浓度降至 34.8 mg/L,已基本恢复到 1985 年以前的水平,与水质最差的 1997 年相比,主要污染物浓度改善了 88.4%。水质劣于Ⅴ类的监测断面占 37.5%,比 1997 年降低了 38.3 个百分点。山东省 59 条重点河流全部恢复了常见鱼类,标志着山东省水环境质量发生了根本性改善。2017 年,山东省水环境质量进一步改善,例行监测河流断面 COD 平均浓度降至 24.5 mg/L。2020 年,山东省水环境质量已实现连续 18 年持续改善。山东省省控及以上的 138 个地表水考核断面中,按照《地表水环境质量评价办法(试行)》中确定的 21 项指标评价,除 1 个断面全年断流外,水质优良(达到或优于Ⅲ类)的为 80 个,占 58.4%;Ⅳ类的为 49

个,占 35.8%;Ⅴ类的为 8 个,占 5.8%;无劣Ⅴ类水体。

上述水环境质量改善是在山东省 GDP 年均增长 10.4%(2003～2020
年)的背景下取得的。而按照发达国家的经验来看,环境质量改善一般是在
人均 GDP 达到 5000～8000 美元的水平,经过多年大规模治理之后才能取
得的。例如,美国和日本分别是在工业化高级阶段,人均 GDP 达到 11000
美元和 8000 美元时,环境质量才开始改善,前后经历了上百年的时间。山
东省在工业化中后期、人均 GDP 较低的阶段,就实现了在 GDP 经济快速增
长(每年 GDP 增幅平均为 14.2%)的同时,环境质量快速改善(COD 平均浓
度年均改善幅度为 19.9%),水环境改善实现重大转折。如图 2-6 所示,山
东省地表水 COD 平均浓度随着 GDP 总量的增长呈现明显的倒"U"形曲线,
水环境质量转折点位于 2002～2003 年,实现水质转折的时间跨度仅为 20
年,对应人均 GDP 为 14261 元(根据人民币汇率中间价,折算成美元约为
1766 美元)。

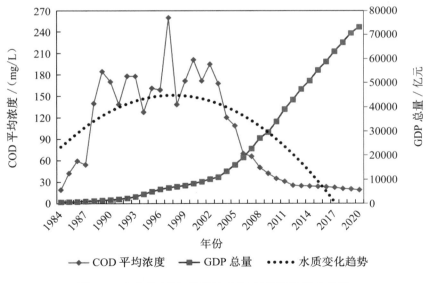

图 2-6　山东省 GDP 总量与 COD 平均浓度变化趋势

第三节　山东省水污染物排放标准的出台背景

一、基于环境的省情

从环境的角度来看,山东省省情有四方面的特点:一是人口密度比较高,城市化速度快;二是水资源短缺,水环境容量不足;三是经济总量比较大,发展速度快,但结构偏重;四是污染物总排放量比较大,结构性污染严重。

(一)人口密度比较高,城市化速度快

2002 年,山东省总人口为 9082 万,占全国总人口的 7.1%,居全国第二位;人口密度 578 人/平方千米,是全国平均人口密度的 4.3 倍,除北京、上海、天津三个直辖市外,山东省的人口密度仅次于江苏省,居全国第二位,甚至远高于与我国同属东亚地区的日本和韩国(见图 2-7)。

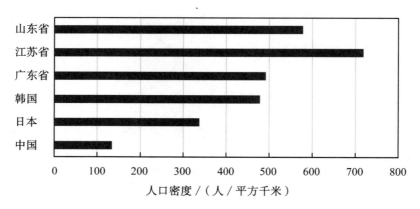

图 2-7　2002 年山东省人口密度与其他省份、全国,以及韩国、日本的对比

山东省的城市化进程较快,2002 年比 1980 年增加了 20 个百分点。随着城市化水平的不断提高,城镇规模和人口不断增加,人均生活用水

量、市政用水量不断加大,但与此同时,城市环境基础设施建设相对滞后,生活废水、生活 COD 排放量逐年加大。1999 年,山东省生活废水排放量首次超过工业废水排放量;2002 年,山东省生活 COD 排放量首次超过工业 COD 排放量。山东省废水排放量变化趋势如图 2-8 所示,COD 排放量比重变化趋势如图 2-9 所示。

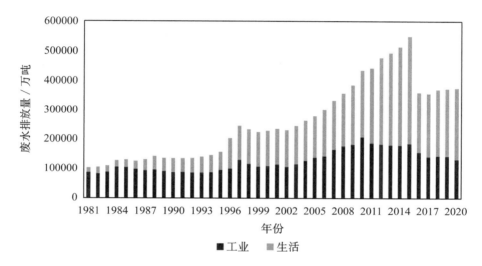

图 2-8　山东省废水排放量变化趋势

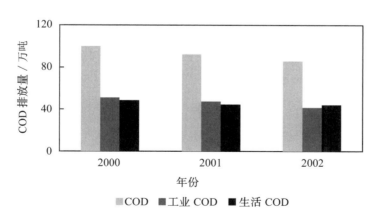

图 2-9　山东省的 COD 排放量比重变化趋势

(二)水资源短缺,水环境容量不足

多年来,山东省的平均水资源总量为 303 亿立方米,为全国的 1.1%;人均水资源占有量仅为 334 立方米,不足全国人均占有量的 1/6,为世界人均占有量的 1/25,居全国倒数第三位,远低于国际公认的维持地区经济社会发展所必需的人均占有水资源量 1000 立方米的临界值,属于人均占有量小于 500 立方米的水资源危机区。山东省每亩耕地水资源占有量为 307 立方米,为全国平均水平的 1/6。然而,山东省却以全国 1.1% 的水资源量,养活了全国 7.1% 的人口,生产出了全国 10% 的粮食,创造了全国 9.9% 的 GDP。山东省的水资源供求矛盾十分突出,目前全省水资源开发利用率高达 56%,远远超出了国际公认的维持一个地区良好生态环境所允许的 40% 的开发利用率。尽管开发程度较高,但山东省的水资源供给量仍远不能满足用水需求,全省平水年水资源供需缺口为 39 亿立方米,枯水年水资源供需缺口为 49 亿立方米,特枯年水资源供需缺口高达 65 亿立方米。即使在丰水年,山东省水资源也无法满足用水需求。

山东省水资源时空分布不均匀的特点,加剧了水资源短缺的矛盾,多数河流在枯水季节甚至出现断流,河流水环境容量小,污染物承载能力低。根据 2003 年《山东省河流水环境容量研究》的结果,在枯水期河流径流量采用近 15 年平均值的设计条件下,山东省河流 COD 水环境容量为 12.6 万吨/年,而 2002 年全省 COD 排放量为 85.9 万吨,超出环境容量 5.8 倍;全省河流氨氮水环境容量为 0.53 万吨/年,而 2002 年全省氨氮排放量为 8.37 万吨,超出环境容量 14.8 倍,水环境容量不足与污染物排放量过大的矛盾十分突出。

(三)经济总量比较大,发展速度快,但结构偏重

改革开放以来,山东省的经济经历了一个长期快速增长的时期,经济规模大幅度扩张。1980～2002 年,山东省 GDP 的年均增速高于 10%,并高于全国同期增长速度。2002 年,山东省 GDP 达到 10552.06 亿元,首次突破万亿元大关,标志着山东省的综合经济实力迈上了一个新台阶,占同年全国

GDP 的 10.2%,经济总量居全国第三位。山东省三次产业的产值比重为 13.2:50.3:36.5,产业结构呈现"二、三、一"的结构,全省经济发展处于工业化中后期,第二产业在国民经济中仍占主导地位。

从工业内部结构来看,山东省的轻工业比重呈不断下降趋势,重工业比重呈上升趋势(见图 2-10)。1978~2002 年,山东省的霍夫曼系数整体上趋于下降(由 0.95 下降为 0.65),全省工业化水平整体处于工业化中期阶段。"两高"行业发展对山东省的经济贡献率大,食品加工业,纺织业,化学原料及化学制品制造业,饮料制造业,电力、热力、燃气及水生产和供应业,造纸及纸制品业等 15 个高污染及中污染行业产值占山东省全年工业总产值的 59.4%。

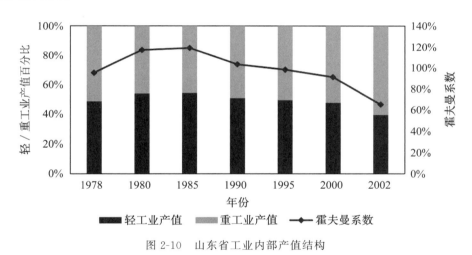

图 2-10　山东省工业内部产值结构

(四)污染物总排放量比较大,结构性污染严重

2002 年,山东省废水排放量为 23 亿吨,COD 排放量为 85.9 万吨,氨氮排放量为 8.37 万吨,二氧化硫排放量为 169 万吨,COD 和二氧化硫排放量均居全国首位。

2002 年,山东省工业废水排放量排在前五位的行业为造纸及纸制品业,化学原料及化学制品制造业,电力、热力、燃气及水生产和供应业,煤炭采选业和纺织业,它们的废水排放量之和占山东省工业废水总排放量的 64.7%,

仅造纸行业废水排放量就占工业废水总排放量的 32.5％；工业 COD 排放量排在前五位的行业为造纸及纸制品业、食品制造业、化学原料及化学制品制造业、纺织业、饮料制造业，它们的 COD 排放量之和占工业 COD 总排放量的 76.8％，仅造纸及纸制品业的 COD 排放量就占工业 COD 总排放量的 51.4％；氨氮排放量排在前五位的行业为化学原料及化学制品制造业、造纸及纸制品业、石油加工及炼焦业、食品制造业和食品加工业，其氨氮排放量之和占工业氨氮总排放量的 86.1％，仅化学原料及化学制品制造业的氨氮排放量就占工业氨氮总排放量的 53.6％，工业结构性污染特征明显。

2002 年山东省工业废水排放量构成如图 2-11 所示，2002 年山东省工业 COD 排放量构成如图 2-12 所示，2002 年山东省工业氨氮排放量构成如图 2-13 所示。

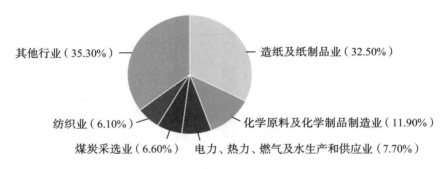

图 2-11　2002 年山东省工业废水排放量构成

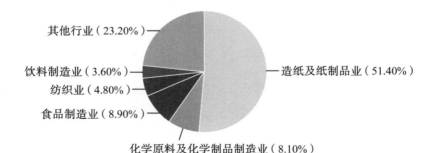

图 2-12　2002 年山东省工业 COD 排放量构成

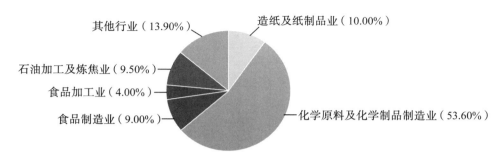

图 2-13　2002 年山东省工业氨氮排放量构成

2002 年，山东省 COD 排放量居前五位行业的排放量之和占工业 COD 排放量的 76.8%，工业产值之和仅占当年工业总产值的 28.56%。其中，造纸业、化工业的工业总产值分别占工业总产值的 3.04% 和 6.69%，远低于其工业 COD 排放量所占比例。重污染行业的污染物排放强度高，单位工业产值的污染物排放量大。2002 年，山东省平均万元工业产值的 COD 排放量为 63 吨/万元，造纸及纸制品业、化学原料及化学制品制造业和化学纤维制造业万元工业产值 COD 排放量分别为 807 吨/万元、313 吨/万元和 140 吨/万元。2002 年山东省的主要工业增加值、废水排放量和工业 COD 排放量比重如表 2-6 所示。

表 2-6　2002 年山东省的主要工业增加值、废水排放量和工业 COD 排放量比重

	行业	工业增加值比重	废水排放量比重	工业 COD 排放量比重
高污染行业	造纸及纸制品业	3.04%	32.5%	51.4%
	食品制造业	1.82%	3.5%	8.9%
	化学原料及化学制品制造业	6.69%	11.9%	8.1%
	纺织业	6.42%	6.1%	4.8%
	饮料制造业	1.94%	4.3%	3.6%
	食品加工业	8.65%	3.7%	2.9%
	合计	28.56%	62.0%	79.7%

	行业	工业增加值比重	废水排放量比重	工业 COD 排放量比重
中污染行业	石油和天然气开采业	8.38%	2.9%	3.1%
	石油加工及炼焦业	3.36%	4.0%	2.6%
	医药制造业	1.80%	2.4%	2.2%
	电力、热力、燃气及水生产和供应业	6.40%	7.7%	1.6%
	皮革、毛皮、羽绒及其制品业	1.32%	0.6%	1.1%
	黑色金属冶炼及压延加工业	3.36%	2.3%	0.9%
	煤炭开采和洗选业	5.41%	6.6%	2.1%
	化学纤维制造业	0.78%	2.2%	2.0%
	合计	30.80%	28.9%	15.6%
低污染行业	其他行业	40.65%	9.2%	4.7%

人口密度高、水环境容量小、经济总量大、发展速度快、产业结构偏重和污染物排放量大这几个省情,导致山东省经济发展与环境保护的矛盾较为突出,这也是山东省有别于我国其他省份的根本性难题之一。在这方面,我们无法照搬发达国家的经验,只能依据山东省的自然资源条件、经济社会发展阶段和环境问题的特征,探索符合山东省省情的环境保护新道路。

二、以往水污染防治存在的问题

山东省水生态环境的持续快速改善,究其原因,是山东省自 2003 年起以"治、用、保"的科学治污策略为指导,制定和实施了目标科学、阶段合理、预见性强的地方水污染物排放标准,以标准作为转方式、调结构的重要抓手,综合运用法律、经济、技术、监管、文化等手段,全面构建主要党委领导、政府负责、人大/政协监督、多部门齐抓共管、全社会共同参与的环境保护工作大格局,主动引导企业自觉进行产业结构调整和污染治理,在保护环境的同时有效地推动了经济社会的科学发展。山东省水污染物排放标准的建立并非一蹴而就,而是在立足于全省经济社会发展阶段和基本省情的基础上,以解决环境目标脱离经济社会发展水平和工作实际、治理手段单一等问题为核心,经过长期的探索与实践后逐步完善的。

（一）环境目标脱离经济社会发展水平和工作实际

20 世纪 80 年代末 90 年代初以来,山东省的水污染治理工作目标明显脱离了经济社会发展水平及其承受能力,也未充分考虑技术、管理水平和水质严重污染的现实。如 1995 年国家《淮河流域水污染防治规划及"九五"计划》明确提出,到 2000 年淮河流域各主要河段的水质改善目标是干流达到Ⅲ类,支流达到Ⅳ类。根据国家要求,山东省提出了"到 1997 年,省辖淮河流域所有污染源实现达标排放,其他流域重点污染源必须实现达标排放,到 2000 年全省河流水体基本变清"的目标。针对小清河流域,在"九五"目标中提出,到 2000 年小清河上游达到Ⅴ类、中游达到Ⅳ类、下游达到Ⅲ类的水质目标。依据我国现行的地表水环境质量标准,水质最低类别是Ⅴ类（COD 不超过 40 mg/L,氨氮不超过 2 mg/L）。然而,以 1995 年、2000 年和 2002 年为例,山东省地表水省控水质监测断面中,COD 平均浓度分别为 145 mg/L、201 mg/L 和 195 mg/L,部分断面甚至达到 1000 mg/L 以上。在这种情况下,脱离实际的目标不仅难以实现,也会挫伤各级环境保护工作者的信心。

（二）治理手段单一

长期以来,山东省的水污染治理工作以行政手段为主,特别是"一控双达标"和"零点行动"实施以来,采用"壮士断腕"式的行政手段对资源/能源消耗大和污染严重、效益低的企业实行关、停、并、转、迁,先后关闭了五千吨以下的草浆造纸生产线 384 条,1997 年又关闭了一万吨以下的草浆生产线 27 条,1998~2002 年又进一步关闭了两万吨以下的草浆生产线 61 条,使水环境质量在一定程度上得到了改善。1998 年,山东省河流 COD 平均浓度比

1997 年下降了 46.8％。

虽然山东省以行政手段治理水污染在短期内见效快,但却存在诸多问题,导致越来越难以为继,主要表现在以下方面:

一是水质极易出现反弹。山东省在环境保护工作人员数量有限、企业工艺和治污水平普遍较低、部分企业守法意识差的前提下,以行政手段为主的治理方式难以形成长效机制,往往是被动查处、疲于应付,查一查,效果好一点,稍微一放松警惕,水质立即变坏。如 1998 年山东省河流 COD 平均浓度比 1997 年下降了 46.8％,1999 年山东省河流 COD 平均浓度反而比 1998 年恶化了 23.7％,2000 年又比 1999 年恶化了 17.4％,到 2002 年,山东省河流 COD 平均浓度与 1997 年相当,前几年的努力几乎付诸东流。

二是行政和社会成本高。随着被关闭企业规模的逐步扩大,单纯依靠行政手段治污的方法也逐步显现出容易引发社会动荡问题的弊端。据初步统计,仅 2001～2002 年两年间关闭的 41 家草浆生产线,就报废固定资产十几亿元,下岗职工数万人,给当地的社会稳定带来了很大的压力。

三是缺乏预见性。由于行政手段缺乏预见性和引导性,一方面,污染企业不了解政府下一步工作的方向和重点,缺乏主动治污的积极性;另一方面,地方政府的环境意识不高,对水污染治理的长期性、艰巨性和复杂性认识不清,以为可以通过短期的"集中会战"加以解决,缺乏适应经济社会发展阶段性特征、具有可操作性的环境保护目标及其路线图,治污措施往往达不到预期的效果。

三、山东省解决水环境问题的出路选择

如何既推动经济社会持续发展,又确保环境质量明显改善,是摆在山东省环境保护工作人员面前的一个重大难题。流域污染的根本问题在于经济发展方式,而解决流域污染的关键在于突破高污染、高耗水和生态破坏"瓶颈"问题。实践已经证明,单纯依靠行政手段则动力不足,行政和社会成本高,负面影响大。要想在改善环境质量的同时推动经济社会的科学发展,就必须认清水污染问题的本质和规律,立足山东省的发展阶段和基本省情,探

索一条代价小、效益好、排放低、可持续的环境保护新道路,采取科学的策略,才能实现经济发展与环境保护的"双赢"。

为探索环境保护新道路,在深刻把握山东省省情及其对环境保护内在要求的基础上,按照全面构建"治、用、保"系统推进的科学治污体系的战略思路,从 2003 年开始,山东省分八年、四个步骤构建起了地方水污染物排放标准体系:第一步是象征性地加严标准限值,告知企业山东省的排放标准不是一成不变的;第二步是基于当时的先进生产力,较大幅度地加严标准,引导企业主动解决高污染、高耗水的环境"瓶颈"问题,促进工艺技术进步和治污水平提高;第三步是实现从行业标准向流域标准的过渡,通过出台过渡期的流域排放标准,初步实现流域排放标准与行业排放标准的对接;第四步是取消行业排放特权,实现排放标准与水环境质量目标挂钩。

山东省 2003~2020 年出台的地方水污染物排放标准汇总如表2-7所示。

表 2-7　山东省 2003~2020 年出台的地方水污染物排放标准汇总

	名称	状态	标准编号
2003 年 5 月	山东省造纸工业水污染物排放标准	废止	DB 37/336—2003
2005 年 2 月	生活垃圾填埋水污染物排放标准	废止	DB 37/535—2005
2006 年 1 月	淀粉加工业水污染物排放标准	废止	DB 37/595—2006
2006 年 1 月	医疗污染物排放标准	废止	DB 37/596—2006
2006 年 3 月	山东省南水北调沿线水污染物综合排放标准	废止	DB 37/599—2006
2006 年 12 月	山东省小清河流域水污染物综合排放标准	废止	DB 37/656—2006
2007 年 5 月	山东省海河流域水污染物综合排放标准	废止	DB 37/675—2007
2007 年 8 月	山东省半岛流域水污染物综合排放标准	废止	DB 37/676—2007
2008 年 2 月	钢铁工业污染物排放标准	废止	DB 37/990—2008
2013 年 5 月	山东省钢铁工业污染物排放标准	废止	DB 37/990—2013

续表

	名称	状态	标准编号
2018 年 9 月	流域水污染物综合排放标准	现行	DB 37/3416—2018
	第 1 部分:南四湖东平湖流域		
	第 2 部分:沂沭河流域		
	第 3 部分:小清河流域		
	第 4 部分:海河流域		
	第 5 部分:半岛流域		
2019 年 9 月	农村生活污水处理处置设施水污染物排放标准	现行	DB 37/3693—2019
2020 年 7 月	山东省医疗机构污染物排放控制标准	现行	DB 37/596—2020

第三章　山东省水污染物排放标准体系发展历程

　　2003 年 5 月,山东省在全国率先发布实施了第一个地方行业标准,即《造纸工业水污染物排放标准》(DB 37/336—2003)。通过分阶段逐步加严标准,推动对落后生产力的淘汰进程,山东省的造纸行业以较小的社会和经济代价,取得了污染减排、产业结构优化升级等多重效益,极大地促进了山东省造纸行业环境保护工作的开展。2006～2007 年,山东省出台了《山东省南水北调沿线水污染物综合排放标准》(DB 37/599—2006)等四项覆盖山东全境的地方流域性综合排放标准,实现了行业排放标准与流域综合排放标准的对接,从而实质上取消了高污染行业的"排污特权",对山东省水环境质量的持续改善做出了重要贡献。为进一步适应新时期环境管理的需求,山东省颁布实施了《流域水污染物综合排放标准　第 1 部分:南四湖东平湖流域》(DB 37/3416.1—2018)等五项系列标准,之后又颁布实施了《农村生活污水处理处置设施水污染物排放标准》(DB 37/3693—2019)和《山东省医疗机构污染物排放控制标准》(DB 37/596—2020)两项行业标准。可以说,山东省在利用环境标准促进企业污染治理、产业调整以及按流域制定水污染物排放标准方面形成了自己的特色。

第一节　出台水污染物排放标准的必要性

一、国内排放标准的编制及应用局限性

(一)国家排放标准

国家排放标准在控制污染源排放方面发挥了重要作用,但从实施的角度来看,仍然存在一定的问题,主要表现在以下几个方面:

第一,行业排放标准过少,针对性差。长期以来,我国形成了以综合型污染物排放标准为主、行业型污染物排放标准为辅的排放标准体系。综合型污染物排放标准中规定,没有行业型污染物排放标准的其他一切污染源均执行综合型污染物排放标准,从而将一些本来属于重污染行业的污染源都纳入了综合型污染物排放标准,缺乏针对性。部分行业的标准排放限值同企业的生产状况、工艺、原料构成等因素有关,标准要求采用混合排放公式计算,这往往造成一个企业一个排放限值,甚至一个企业多个排放限值的现象,导致污染企业无所适从,也不利于开展环境监管。

第二,排放标准与质量标准存在脱钩现象。国家排放标准是在一定的经济、技术和管理条件下,在一定时期内,全国绝大多数的排污企业都应该达到的最基本的排放要求,它更多考虑的是区域内行业达标排放的经济和技术可行性,而未能把握流域的自然规律。我国地域辽阔,自然差异显著,各流域的水环境问题和水环境容量差异较大,执行同样的标准,南方流域可以满足水环境容量要求,北方流域则可能远远超出,这就造成在缺水的地区和污染源排放相对集中的地区,即使所有污染源都实现达标排放,其水质与环境目标仍有很大差距,难以满足地方环境管理的实际需求。

第三,标准制定及修订的科学性较差。环境标准的制定及修订需要大量实际数据作为基础和支撑,但目前部分标准在制定及修订过程中,实地调

研不够充分,数据收集不够全面,同时环境质量日常监测、监督性执法监测数据以及相关科研项目积累的成果等数据共享程度不够,导致一些标准缺乏有效的数据作为支撑,基础不牢。此外,对于如何在污染物筛选、限值确定、达标判定以及达标率测算中应用基础数据,也缺乏系统的方法学总结与提炼。在污染物排放(控制)标准的制定及修订方面,对达标技术的评估、标准实施的经济成本及环境效益预测分析的科学支撑不足。

第四,部分标准的制定及修订项目进展滞后。截至 2002 年,国家已发布的 18 项涉水污染物排放标准中,标龄在 5 年以上的有 10 项,占 55.6%,其中 10 年以上的有 6 项,占 33.3%,个别行业排放标准的标龄接近 30 年,标准严重脱离实际,排放标准限值也较为宽松,落后于环境管理的实际需求,在一定程度上保护和纵容了落后生产力。

第五,标准实施工作的执行复杂,效率较低。此前,部分国家标准的制定和修订项目存在立项环节把关不严、时间节点管理不够严格等问题,项目审查缺乏更为客观、公正的评审机制,技术专家的把关作用未能充分发挥,标准技术支持单位与项目承担单位职责不清晰,标准技术支持人员力量不足,上述问题影响和制约了标准实施工作的效率及质量。

第六,标准实施后的评估机制缺失。在环境标准建设方面,政府对环境标准建设资源的配置有很大不足,没有形成环境标准的科学技术支撑体系,制定环境标准必须开展的前期基础性研究缺乏,不能准确掌握整体环境数据和行业背景,导致制定的排放标准往往具有一定的局限性。由于标准实施后评估机制缺失,对标准实施后的效果、实施中遇到的问题难以系统地把握,影响了标准制定质量,最终的标准质量与科学管理所要求的质量还有很大差距。

综上所述,国家排放标准虽然是由国家生态环境部门组织制定的具有法律强制力的标准,但是在山东省实施时,存在针对特定行业的污染物排放标准较少、排放标准与环境质量目标脱钩等问题,不能有效解决山东省的水污染问题。

（二）地方排放标准

各地区的标准体系框架基本上秉承了国家"行业型＋综合型"的污染物排放标准体系，因此难以避免国家排放标准中的缺陷。虽然福建、江西、陕西等省以流域为单元制定了地方的综合排放标准，体现了环境管理由区域管理向流域管理转变的思想，但仍未解决排放标准与水环境质量标准脱钩的问题。

以部分省份为例，福建省和江西省制定的流域水污染物排放标准只是规定了闽江、九龙江以及袁河流域内各地、市、县辖区河段主要污染物的总排放量，对各污染物的排放限值仍执行国家标准。因此，从严格意义上讲，上述标准实际上相当于一个总量分配的文件，并未真正做到根据水质目标改善要求确定地方水污染物的排放限值；陕西省渭河水系（陕西段）污水综合排放标准则是参照国家综合排放标准的模式，针对流域内行业结构特点，分行业对个别污染物按照一定的技术水平给出了不同的排放限值，对其他污染物仍执行国家相关标准，因此该标准实际上是一个小区域的综合排放标准。总的来看，上述标准都未能建立流域水质目标与排放标准的衔接关系，在污染源排放相对集中的区域，难免会造成所有污染源都达标排放，而水体仍然污染物超标的局面。

二、国外排放标准模式的应用局限性

作为较早开始制定环境标准的国家和地区，美国、欧盟、日本等发达国家和地区在水污染物排放标准的编制方面具有先进性，其相关标准对我国水污染物排放标准的制定工作具有一定的借鉴意义。但是，美国、欧盟、日本的标准多根据行业特点、技术经济可行性分析等因素制定，未能建立排放限值与水环境质量的对应关系，因此这些国家和地区的水污染物排放标准在山东省的适用性较差。

（一）美国标准

美国的水污染物排放标准是基于技术评估和经济分析而制定的，标准限值相对宽松，部分行业及部分指标甚至宽于我国 1996～2003 年实施的排放限值（见表 3-1）。在这种情况下，山东省如果参照美国标准，基于经济技术可行性制定宽于我国排放限值的地方标准，就既不合法（地方标准需严于国家标准），也不能解决山东省的水环境问题。

表 3-1　中美主要工业污染物排放限值对比（2003 年）

	工业行业	细类	美国新源排放限值（NSPS）	中国国家排放限值（新源）
1	石油化工	石油精炼	360 mg/L	150 mg/L（二级标准）
2	制药生产	发酵生产	1675 mg/L	300 mg/L（二级标准）
3	造纸工业	漂白硫酸盐木浆	BOD_5:10.3 kg/t	BOD_5:15.4 kg/t

另外，由于美国的排放标准限值与环境质量是脱钩的，这就导致部分污染严重的河流（比如密西西比河）直到 20 世纪 90 年代末才基本消除劣 V 类水体的情况。美国"最大日负荷总量"（total maximum daily loads，TMDL）制度的出台就是为了解决这一问题。

TMDL 制度从环境容量及总量控制的角度建立了污染源与水环境质量之间的对应关系，为确保水质改善目标的实现发挥了重要作用，也为我国地方标准的制定提供了很好的借鉴。但是，在我国北方水资源严重短缺、污染严重的地区实施 TMDL 制度存在一定的障碍，主要表现为以下方面。

首先，TMDL 制度给出的是流域内每个污染源的污染物排放负荷，而未规定企业的排放浓度。山东省多年来的平均降水量为 676.5 毫米，低于美国的 760.0 毫米；多年来的径流系数仅为 0.186，是美国的 1/3，且 70%～90% 的径流量集中在汛期，甚至是在一两场特大暴雨洪水中，这就造成山东省多数河流在多数时间缺少充足清水的补给，自然净化能力较差，即便是较少的污染物总量，如果排放浓度较高，仍然可能造成水体污染物超标的现象。因此，我国现阶段的排放标准仍然不能脱离浓度限值为主的现实。

其次,美国于 1972 年开始实施 TMDL 制度,适逢其国内河流水质污染达到峰值的时期,但美国当时人均 GDP 已经达到 5897 美元,城市化率达到 73.0%,三次产业结构比例为 3.7∶34.4∶61.9,经济社会已经相对发达,产业结构实现了重要转型,大多数行业的污染物排放负荷已经较低,部分企业有技术和有经济实力实现"零排放"。山东省在 1997 年水质恶化达到峰值,之后开始以行政为主的治污手段进行污染治理,虽然有所成效,但 1997～2002 年间水质污染情况出现反复,且经济社会成本高,难以长期为继。对此,山东省计划自 2002 年起以地方污染物排放标准来推动流域污染防治,但当时正处于经济社会快速发展的时期(见表 3-2),人均收入仅为 1370 美元,城市化率仅为 40.3%,三次产业结构比例为 13.2∶50.3∶36.5,工业结构仍以"两高"行业为主。在此背景下,如果把所有污染负荷削减的责任全部加在点源身上,则绝大多数企业难以承受,这就决定了该阶段山东省无法照搬美国的 TMDL 制度来控制污染源。

表 3-2　山东省与部分发达国家治污措施实施的经济社会背景对比

	年份	人均生产总值/美元	城市化率/%	三产结构比例
山东省	2002	1370	40.3	13.2∶50.3∶36.5
美国	1972	5897	73.0	3.7∶34.4∶61.9
英国	1975	4213	84.4	2.6∶37.4∶60.0
德国	1975	5554	79.5	7.2∶45.6∶47.2
法国	1975	6600	72.6	5.0∶30.0∶65.0

(二)欧盟标准

欧盟的国际植物保护公约(IPPC)指令及欧盟内部部分国家也是采取以最佳实用技术(best available technology,BAT)为依据制定的排放限值,因此,在同一时期欧盟与美国的排放限值并无较大的差别。美国排放标准的月均值一般为日最大浓度值的 1/2,从这个角度来看,欧盟当时的排放限值并未比中国的排放标准更严格(见表 3-3)。同时,欧盟部分国家基于技术经济可行性分析得到的排放限值,没能建立排放限值与水环境质量的对应关系,仍然无法解决排污企业相对集中的区域或环境容量较小的河流(河段)的污染问题;即便所有污染源实现达标排放,也无法满足环境容量的要求。

表3-3 2003年中国和欧盟主要工业COD排放限值对比 单位:mg/L

	工业行业	细类	欧盟排放限值(NSPS)	中国国家排放限值
1	石油化工	石油精炼	30~225	100(一级标准) 150(二级标准)
2	造纸工业	漂白硫酸盐木浆	250~400	400

丹麦、立陶宛等国采用水质反演法建立了污染源与水环境质量标准之间的对应关系,这对我国地方标准的制定提供了很好的借鉴。但是,直接套用欧盟的水质反演法仍然不能解决当时我国国情和山东省省情下污染控制的问题,主要有以下原因:

一是山东省河流稀释系数大大低于欧盟地区。欧盟地区年降水量为789毫米,径流系数为0.64,径流深度为504毫米,均高于我国。山东省绝大多数河流径流量小,径流深度只有欧盟地区的1/5,自然净化能力较差,个别断面COD浓度超过1000 mg/L,稀释系数很小,以此系数确定的排放限值必然非常严格。如丹麦采取10为统一的稀释系数,仅仅通过径流深度来看,山东省河流的径流深度为丹麦的1/5左右,因此稀释系数仅为2左右。显然,若以此系数确定排放限值,则绝大多数企业都无法实现达标。

二是经济社会基础差距较大。欧洲自20世纪70年代中期开始全面推进流域污染防治,此时其人均GDP和城市化率已经接近或超过美国(人均收入方面,英国为4213美元,德国为5554美元,法国为6600美元;城市化率方面,英国为84.4%,德国为79.5%,法国为72.6%),产业结构实现了重要转型(英国的三产结构比例为2.6:37.4:60.0,德国的三产结构比例为7.2:45.6:47.2,法国的三产结构比例为5.0:30.0:65.0)。而山东省地方经济的发展方式尚未转变,重污染行业环境保护的"瓶颈"问题尚未得到突破,若是直接基于河流本身的稀释能力确定排放限值,则绝大多数的企业难以承受。这就决定了在当时的国情和省情下,建立基于水质标准的排放标准不能一步到位,必须建立在重污染行业环境"瓶颈"问题得到一定突破的基础上。同时,如何采取综合的治污措施,间接提高河流的稀释能力,确定合理的稀释系数,也是制定地方排放标准的一个难点问题。

(三)日本标准

日本的排放标准体系与我国的排放标准体系大致相同,不同的是日本的排放标准体系是由"行业型+综合型"向"综合型"过渡,而我国的排放标准体系是由"行业型+综合型"向"行业型"过渡。日本的国家统一排放标准限值实际上是相对宽松的,地方在实施国家排放标准不能满足环境保护要求时,可以提出更加严格的地方标准。但是,日本制定地方排放标准的依据仍然是技术经济可行性,而忽略了各流域的环境特点和自然规律,同样未能建立排放标准与水环境质量标准之间的输入响应关系。

第二节 山东省制定水污染物排放标准的总体思路

一、行业标准与流域标准的功能定位

水环境质量目标管理对水污染物排放标准提出了更高的要求,我国针对水污染物排放的标准体系也在持续地优化与完善。目前,我国的环境管理已由污染物排放控制为主向环境质量目标管理转变,需要水污染物排放标准与水环境质量标准进一步衔接。有两类水污染物排放标准在国内的一些省份逐渐形成,即以防范环境风险为目标的行业型或综合型水污染物排放标准和以环境质量改善为目标的流域型水污染物排放标准。生态环境部分别在 2018 年和 2020 年发布了《国家水污染物排放标准制订技术导则》(HJ 945.2—2018)和《流域水污染物排放标准制订技术导则》(HJ 945.3—2020),除我国现行的行业型、综合型两类基于技术的水污染物排放标准外,

增设与水质进一步衔接的流域型水污染物排放标准。各类标准间还需进一步对接,以构建定位清晰、精简协调的水污染物排放标准体系。

（一）行业标准的功能定位

行业型污染物排放标准限值是通过综合考虑行业基本情况及主要生产工艺、行业排污水平与排污特征、行业水污染防治技术等多方面的因素来制定的,适用于某一个或若干个行业排污单位或特定设施,主要管控行业排污单位或设施排放的特征水污染物。因此,重点污染行业特征污染物是行业水污染物排放标准的首要控制对象,其重污染工艺过程也是生态环境部门的重点监管对象。

行业型排放标准应体现行业公平性,现有污染源和新建污染源不因受纳水体水环境功能的不同而制定不同的排放控制要求。排放标准针对现有污染源和新建污染源排放的特征水污染物分别提出排放控制要求,且新建污染源排放限值总体上应严于现有污染源。

制定行业型排放标准时,首先要考虑技术经济可行性,行业型水污染物虽然也注重环境效益,但很难与特定流域水环境质量的改善目标直接挂钩。具体表现为,即使所有企业按照国家或地方规定的行业标准实现达标排放,仍会有相当一部分污染源集中的断面达不到水环境功能区划的要求,对特征污染因子的控制也很不全面,不利于防范环境风险。

（二）流域标准功能定位

流域型水污染物排放标准是基于我国国情提出的一项我国水环境管理创新举措,既与水环境质量改善的需求进一步衔接,又可快速地、按预期目的地推进排污许可证发放工作。流域标准指适用于特定流域范围内全部或部分排污单位,以流域控制单元划分与水环境问题识别为基础,重点针对不达标水体超标污染物或具有超标风险的污染物,为实现水环境质量改善目标而规定的更加严格的排放限值。

2017年,中央全面深化改革领导小组通过了《按流域设置环境监管和行政执法机构试点方案》,其中关于"按流域设置环境监管和行政执法机构,遵循生态系统整体性系统性及其内在规律,将流域作为管理单元,统筹上下游左右岸,理顺权责,优化流域环境监管和行政执法职能配置,实现流域环境保护统一规划、统一标准、统一环评、统一监测、统一执法,提高环境保护整体成效"的要求为流域标准的实施提供了政策保障。

与综合型水污染物排放标准和行业型水污染物排放标准相比,流域型水污染物排放标准是朝着与流域水环境质量改善目标相衔接的方向制定的,目的是使流域污染问题得到更有针对性的解决。这就要求在制定标准时,要综合考虑流域自然地理环境、社会经济发展状况与沿线水污染物排放情况,严格控制影响流域水质的污染源,以实现既定的水环境管理目标。

二、标准体系制定思路

作为数字性的法规,污染物排放标准既是经济、社会、环境协调发展的内在要求在一定发展阶段的具体体现,也是该阶段环境保护目标和战略在环境管理中的量化和落实。科学编制好污染物排放标准,有利于落实"以人为本"的理念,促进环境质量的稳步改善,满足人民群众日益增长的环境需求;有利于突破高污染、高耗水和生态破坏的"瓶颈"问题,促进经济社会的科学发展;有利于促进生态系统的全面修复,实现人与自然和谐共存。

为了从根本上治理流域污染,山东省逐步探索出了一条"治、用、保"的新路子。"治"即污染治理,通过实施全过程污染防治,引导和督促排污单位达到常见鱼类稳定生长的治污水平;"用"即循环利用,通过构建企业和区域再生水循环利用体系,努力减少废水排放;"保"即生态保护,通过建设人工湿地和生态河道,构建沿河环湖大生态带,努力提升流域环境承载力。"治、用、保"模式中的"用"和"保",实际是"减"和"增","减"的是污染负荷,"增"的是环境容量。"治、用、保"流域治污体系有效化解了流域治污压力,在工业化、城市化快速推进的历史阶段有效解决了流域污染问题。

山东省制定排放标准的总体思路是:深刻把握经济社会发展的阶段性

特征及其对环境保护的内在要求,围绕"改善环境质量""确保环境安全""促进科学发展"三条主线,在全面深化"治、用、保"流域治污体系的科学指导下,坚持水陆统筹、河海兼顾,以科学的标准限值逐步破解高污染、高耗水和生态破坏的"瓶颈"问题,倒逼经济发展方式转变;系统推进全过程水污染防治、水资源节约与循环利用、流域生态保护与恢复,完善法规标准,推进依法治污;理顺经济政策,健全市场机制;强化科技支撑,破解环境"瓶颈"问题;加强行政监管,提高职业化水平;弘扬环境文化,促进多元共治;以标准的实施调动规制、市场、科技、行政和文化五种力量,着力构建水污染防治大格局,全力打造山东水污染防治体系升级版,为建设美丽山东、生态山东奠定坚实基础。

在具体做法上,基本原则包括以下几点:

(一)坚持以人为本、生态优先、统筹兼顾

所谓"以人为本",即要把改善环境质量、保障公众的健康安全放在更加突出的位置,并予以优先保障。

所谓"生态优先",即遵循尊重自然、顺应自然、保护自然的生态文明理念,以环境承载力为基础,优化国土空间开发格局。

所谓"统筹兼顾",即要通过污染减排倒推转方式、调结构,以改善环境质量优化经济发展,以科学发展提升环境保护水平。

(二)把握必要性、预见性、引导性和强制性

所谓"必要性",就是要把握大势,用改善环境质量、保障公众健康的必要性和经济发展的必然规律统一思想。

所谓"预见性",就是要统筹经济社会与环境保护,提前若干年科学确定工作目标,明确努力方向。

所谓"引导性",就是要制定实施分阶段逐步加严的地方环境标准,引导企业逐步淘汰落后产能,转变发展方式,提高治污水平。

所谓"强制性",就是要依法坚决实施已经确定的政策措施。

第三节　山东省水污染物排放标准体系建设与推进策略

制定地方标准的最终目的是改善水环境质量,实现水环境目标与经济、社会发展目标的同步共赢。对高污染、高耗水行业执行相对宽松的排放标准,短时期内有其合理性,但长期下去实质上是保护了落后生产力,默许其占有更多原本稀缺的自然资源和环境容量,对其他行业是不公平的。以山东省造纸行业为例,2003 年山东省造纸行业的总产值为 355.6420 亿元,占山东省工业总产值的 3.09%,但其 COD 排放量却占山东省工业 COD 总排放量的 51.37%。与其他行业相比,造纸行业以更高的环境污染创造了相对较低的经济产出,这也是山东省选择率先加严造纸行业水污染物排放标准的原因之一。要想解决企业达标排放后仍无法实现水环境质量目标的问题,就必须依据流域内受纳水体环境容量的要求执行相对统一的排放限值。要实现这个目标,就不能脱离经济技术发展水平而急于求成,否则会带来一系列的经济社会问题,因此必须采取分阶段逐步加严的策略。

一、行业排放标准建设阶段

第一步,在行业排放标准建设的第一时段,象征性地加严标准限值。该时段限值的确定主要基于两个目的:第一个目的是"信息预告",也就是要告诉企业,排放标准不是一成不变的,象征性地加严标准限值也只是标准加严的第一步,后续还有第二步或者第三步的加严。第二个目的是使落后产能主动淘汰。由于在行业标准制定之初,规模小、技术落后、污染严重的企业占了较多数,即便是象征性地加严标准,仍然会使少部分企业无法实现达标排放;此外,由于提前给出了后续时段的排放限值,因此企业在预判到无法进一步实现达标排放的情况下,必然会自觉进行原料结构调整或者以转产的方式来实现对落后产能的主动淘汰。

第二步,在行业排放标准建设的第二时段,基于当时的先进生产力而较大幅度地加严标准。这一时段的排放限值是依据行业先进的生产技术水平和污染控制水平制定的,具有较大规模和技术较为先进的企业具备达标排放的能力。先进的生产力能达到什么水平,这一阶段的标准就加严到什么水平。

在淘汰行业落后产能的基础上,对于符合产业政策的企业,通过该时段实施较严格的标准,可以引导企业主动突破高污染、高耗水的"瓶颈"问题,从而促进工艺技术进步和提高治污水平。该时段的排放限值是有达标技术支撑的,但由于排放标准限值的大幅度加严,部分中小企业将难以承受污水处理设施升级改造的投资以及污水处理设施的运行费用而被兼并或淘汰,从而使剩余企业的规模和集聚度有所增加。企业具备了规模效益以后,也就具备了达到进一步加严的排放标准限值的经济实力。

二、行业标准向流域标准的过渡阶段

在完成前两步措施的基础上,第三步,出台过渡期的流域排放标准,初步实现流域排放标准与行业排放标准的对接。行业排放标准最后一个时段的排放限值是基于未来一段时间可预见的先进生产力或经济社会发展阶段的需求确定的。可预见的先进生产力既包含国内、国外同行业能够达到的最先进的水污染控制技术水平,也包含了其他行业在水污染控制方面取得的成功经验应用到该行业的可能性。通过行业排放标准的实施,可以使重污染行业的技术水平和排污水平与其他行业达到基本相同的水准。

在重污染行业技术水平大大进步和基本突破环境"瓶颈"问题以后,就可以出台流域标准来实现与行业标准的衔接。流域标准的第一时段排放限值是与行业标准的最后一个时段的排放限值相对应的,仍然兼顾了不同行业的排放差异,因此还不能称作真正意义上的流域水污染物综合排放标准。但对于其他污染程度相对较低的行业而言,在该阶段已经实现了排放限值与水环境质量目标的对接。图 3-1 即为过渡期确定流域排放标准的基本框架。

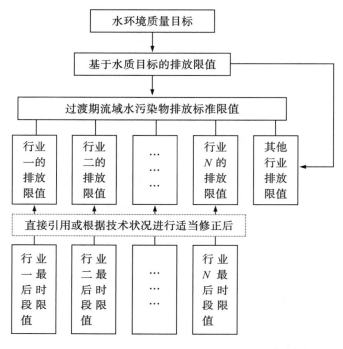

图 3-1　过渡期流域水污染物排放标准框架设计与排放限值的确定

三、流域综合排放标准建设阶段

完成了前三步措施之后，第四步，取消行业排放特权，实现排放标准与水环境质量目标挂钩。前三步基本实现了由行业排放标准向流域排放标准的过渡，第四步只需要在这些重污染行业突破了高污染"瓶颈"问题的基础上，将基于技术的排放限值调整为基于水环境质量目标的排放限值即可，这才是真正取消了行业排放特权、所有行业执行统一的排放限值、真正意义上的流域水污染物综合排放标准。

执行统一的水污染物排放限值并非意味着整个流域一定要搞一刀切，因为即使在同一流域内部，不同水体的环境管理目标和环境承载力也是不同的。相反，我们可以充分依据环境承载力的这种差异性进行合理分区（如一般保护区域、重点保护区域乃至核心保护区域），并执行不同的排放限值，从而实现产业布局与环境承载力相适应。

四、流域综合排放标准与特殊行业排放标准并行

山东省水污染物排放标准体系的主要发展思路是由行业标准到流域水污染物综合排放标准逐步过渡,但是对个别行业(如医疗行业、海水养殖行业)的水污染物排放和农村生活污水排放,由于其特殊性,不适合整合到流域水污染物综合排放标准中去。

具体来说,随着经济社会的发展,农村生活污水问题逐渐突出。农村生活污水有其特殊性,如分散、难以收集等,需要单独控制与管理;医疗行业废水成分复杂,含有病原微生物、有毒有害物、化学污染物及放射性污染物等,具有空间污染、急性传染和潜伏性传染等特征,需要严格控制与管理。山东省部分入海河流监控断面水质时有超标,还存在海水养殖模式较粗放、污染底数不清等问题,对此,山东省应制定出台养殖尾水排放相关地方标准,推动实现养殖尾水达标排放。所以,山东省实施的环境标准体系推进策略是行业标准逐步加严与流域综合标准对接,流域水污染物综合排放标准与特殊行业排放标准并行。

第四章 山东省水污染物排放标准编制方法与技术

本章从行业和流域两个方面对山东省水污染物排放标准的编制方法和技术进行了详细介绍,并通过具体的例子展示了水污染物排放标准的编制过程,对于地方实践具有重要的参考价值。

第一节 山东省行业水污染物排放标准编制方法与技术

一、制定程序

山东省地方水污染物排放标准的制定主要包含以下步骤:首先,根据环境管理的需要,明确山东省环境标准体系建设需求;其次,编制单位提出承担标准编制任务的申请;最后,有关部门向各项目承担单位下达年度标准制修订计划。

具体来说,山东省地方水污染物排放标准的制定程序包括以下步骤:

(1)成立标准编制组,调研、咨询并编制标准制修订开题论证报告,形成标准文本初稿及编制说明初稿。

（2）召开标准座谈会。

（3）形成标准征求意见稿,公开征求社会意见。

（4）形成标准送审稿,召开专家评审会。

（5）形成报批稿,由省级生态环境部门、市场监督管理部门会签,并报省政府批准。

（6）批准发布及出版正式文本。

（7）适时开展地方标准实施后的评估工作。

与同时期国家排放标准的制修订程序相比,山东省水污染物排放标准编制过程对开题报告阶段的要求更加严格。由于山东省水污染物排放标准编制的思路已经相对明确,因此在编制标准开题报告时,应同时完成标准文本初稿以及编制说明初稿。召开标准座谈会时,除了标准制修订管理部门、专家组以及标准编制单位之外,还可邀请生态环境部门内部相关处室、地方生态环境部门相关科室、代表企业、行业协会、经济主管部门的相关人员参会,听取并协调相关利益方对标准文本初稿的意见和建议。通过扩大参会人员覆盖面,不但会议的针对性和操作性会更强,而且也对标准编制单位提出了更高的要求。标准实施一段时间后,还要进行标准实施情况的评估工作,及时发现问题、总结经验教训,并将评估结果作为相关标准制修订项目是否立项或下达标准修改单的重要依据,确保标准的科学性和有效性。作为山东省水污染物排放标准编制工作的重要一环,对标准实施评估工作也得到了国家层面的重视。2016 年 10 月 8 日,环境保护部办公厅印发了《国家污染物排放标准实施评估工作指南（试行）》,从标准实施的环境效益、经济成本、达标技术和达标率等角度规范了对标准实施评估工作的方法,为修订标准、提升标准的科学性和可操作性提供了依据。

二、制定工作内容

地方排放标准的编制大致包括六方面内容:一是确定排放标准编制的基本原则和思路,二是进行资料调研和现场调研,三是标准框架的设计,四是标准时段的划分与限值的确定,五是可行性分析,六是标准实施后的评估。

关于标准制定的思路和基本原则,第三章已经进行了详细的论述,第五章将就标准实施后的部分指标进行评估。下面就标准编制工作内容的其他四个方面分别进行论述,其中"标准时段的划分与限值的确定"以及"可行性分析"两项内容与国家标准的编制有很大不同。

（一）进行资料调研和现场调研

概括起来讲,地方排放标准在资料调研,特别是企业调研的广度和深度上都比国家标准大得多。

1.标准文献资料调研

由于地方排放标准要严于国家标准,因此更应该注重对国内外相关排放标准制定情况的调研。通过调研,可以了解国内外相关行业标准的框架设计、控制因子选取、标准限值的体现方式和限值的宽严程度等,同时可以了解目前国内外成熟的行业污染控制技术水平,找出差距,初步给出地方排放标准限值的大致范围。同时,要建立国内外相关排放标准的文献资料库并及时更新,以便为今后标准的制修订提供依据。

2.其他文献资料调研

除了对国内外排放标准文献资料的调研外,还应该大量调研和咨询行业总体情况以及行业生产工艺、污染物产生、治理技术等方面的研究成果等,也就是要了解该行业生产过程与末端治理全过程的污染防治技术水平,以及影响该行业污染治理的制约因素和治理技术的发展趋势。同时,要了解国家、省、市相关产业政策、行业发展规划等对该行业的要求。除此之外,还应了解与该行业污染物类似的其他行业针对处理技术的研发和应用前景,以便了解这些技术在该行业应用的可行性。

3.企业水污染防治技术现场调研

企业调研样本应足够多,以便能够代表该行业的总体情况。对水污染防治技术的调研应扩展到生产全过程,而不仅仅是对末端治理技术和治理效果的调研。必要时可选取部分企业进行实测验证,对常规监测缺少的数据也应进行一定量的补充实测。

样本的选取方面,应包括该行业内不同规模、不同原料、不同产品和不同技术水平的企业,并尽可能涉及所有的生产工艺。样本企业的产量之和应占该行业总产量的 60%或 70%以上。

调研的内容应包括企业基本情况(建厂时间、原料、产品、产能、产值等)、生产过程的工艺及污染预防技术(生产工艺流程及产/排污情况、水耗情况,生产过程各工段采取的污染防治技术、设备以及技术特点,技术的适用性、性能指标和成本等)、末端治理技术(污水处理工艺、处理能力、进/出水指标、投资与运行成本、技术适用性、二次污染防治等)以及企业在生产工艺改进和污水处理技术方面的研发情况等。

除了对省内进行大量调研之外,还应选取国内规模较大、技术较先进的部分代表企业进行调研,有条件的还可选取国外先进的代表企业进行调研,并作为制定地方标准的依据。

(二)标准框架的设计

标准框架的设计主要包括三方面的工作,即污染控制指标的选取、行业内污染源排放情景分类和排放限值确定方法。

1.污染控制指标的选取

在综合相关研究和国内外相关排放标准的基础上,选取污染因子作为控制指标。国家已有行业标准的,地方标准确定的控制指标不应少于国家列出的指标。同时,可根据地方环境管理的需求,以及对行业全过程污染防治规律的不断认识和可支撑的监测能力,增加部分控制指标。

2.行业内污染源排放情景分类

对于原料结构复杂、生产工艺多样并且会对水污染控制带来不同影响的,应对其不同排放情景进行科学分类。分类时应坚持以下两个原则:第一,尊重差异但不应保护落后的原则,对于原料、产品或工艺特殊且无法改变,造成水污染治理效果不同的,应充分考虑这种差异进行合理分类;第二,结构尽量简化原则,便于基层生态环境部门执法。

3.排放限值确定方法

国外发达国家和地区大都以负荷标准为主,便于实现容量总量控制。

山东省是一个严重缺水的省份,相当一部分河段没有清水补给,如果仅仅执行负荷限值标准,即便是污染物总排放量较少,但如果排放浓度高,也很容易造成河段水质超标的现象。因此,就现阶段而言,最好的方式就是实施浓度限值和负荷限值兼顾的形式,并逐步向负荷限值过渡。

(三)标准时段的划分与限值的确定

本书第三章给出了分阶段加严的地方行业排放标准编制的推进策略:第一时段,象征性地加严标准;第二时段,基于当时的先进生产力而较大幅度地加严标准;第三时段,基于未来一段时间可预见的先进生产力或经济社会发展阶段需求确定排放限值。在实际制定标准限值时,则是采取目标倒逼法,即首先确定第三时段的排放限值,然后逐步反推确定第二时段和第一时段的排放限值。

由于第三时段的排放限值是与经济社会发展目标相衔接的,也就是以该时段的环境保护目标倒逼行业发展方式的转变,由于水质改善的时间往往是滞后于标准实施时间的,因此执行第三时段限值的时间要比环境保护目标实现的时间略有提前。就具体的排放限值而言,首先考虑的是必要性或环境可行性,然后才是技术经济可行性。就技术经济可行性而言,达标排放的技术应是未来一段时间与经济社会发展阶段相适应的先进生产力。如果在这段时间之内,这些行业仍然无法转变粗放的发展方式,则要不惜淘汰这些落后的生产力。

第二时段限值是依据当时的先进生产力确定的,这与国家以现阶段全国平均的污染控制技术为依据制定排放限值是不同的,这也决定了在制定该时段的限值时,要参考具备一定的规模效益、具有先进的生产工艺和完备的污染治理设施的企业。

第一时段象征性的标准限值一般针对国家标准相对宽松和标龄较长的行业制定,目的是进行"信息预告"和引导落后产能主动淘汰,如果第二时段限值和第三时段限值与国家标准相比加严的幅度不是很大,也可以取消该时段。

（四）可行性分析

分阶段加严行业标准应与经济社会发展目标相衔接，是根据实现环境保护倒逼发展方式转变而确定的，因此，就环境角度而言是可行的，关键的是技术可行性和经济可行性。

在制定行业排放标准时，大多以达标率的高低来分析标准限值的确定是否合理，这种方式未能把握该行业的本质特征，忽略了行业的规模结构、技术结构和污染防治技术的进步趋势，具有一定的片面性。因此，在对地方标准限值进行可行性分析时，不仅要考虑达标率的高低，更重要的是要考虑达标企业产量之和或经济总量之和占该行业的比率，以代表行业发展方向的大中型企业的达标率作为标准限值是否可行的重要判定依据。

三、制定流程——以造纸行业为例

下面以造纸行业为例，介绍地方行业排放标准的制定流程。

（一）框架设计

为做好与国家标准的衔接，山东省造纸工业水污染物排放标准在框架体系设计上与国家公布的《造纸工业水污染物排放标准》（GB 3544—2001）基本一致，将制浆造纸工业划分为本色木浆、漂白木浆、本色草浆、漂白草浆、本色废纸、脱墨废纸和商品浆造纸七大类。但这种分类方式较为复杂，不利于具体实施。考虑到促进行业优化调整、生产技术进步以及便于环境管理的需要，到最后一个时段，不同类别之间的排放浓度应保持一致或维持较小的差别，这样就可以使标准实际的分类体系大大简化，如表 4-1 所示。

表 4-1 山东省造纸工业水污染物排放标准(DB 37/336—2003,第三时段限值)

			项目									
			排水量	生化需氧量(BOD$_5$/BOD)		化学需氧量(COD$_{Cr}$)		悬浮物(SS)		可吸附有机卤化物(AOX)		色度	pH 值
			m^3/t	kg/t	mg/L	kg/t	mg/L	kg/t	mg/L	kg/t	mg/L		
制浆、制浆造纸[a]	木浆	本色	100	3	30	12	120	7	70	—	—	50	6～9
		漂白	150	4.5	30	18	120	10.5	70	1.8	12	50	6～9
	草浆[c]	本色	100	3	30	12	120	7	70	—	—	50	6～9
		漂白	150	4.5	30	18	120	10.5	70	1.8	12	50	6～9
	废纸[d]	本色	15	0.45	30	1.5	100	1.05	70	—	—	50	6～9
		脱墨	20	0.6	30	2	100	1.4	70	—	—	50	6～9
造纸[b]	一般机制纸、纸版		20	0.6	30	2	100	1.4	70	—	—	50	6～9

注:a.单纯制浆或浆、纸产量平衡的造纸生产。

b.用商品浆的造纸生产(商品浆是指可直接造纸的成品浆)。

c.草浆包括芦苇浆等禾本科植物所制的浆。

d.这里是指采用废纸为主要原料的制浆造纸生产。

(二)标准限值的确定及时段的划分

由于国家造纸排放标准长时间不变,而且排放浓度相对较高,基于这种情况,地方造纸排放标准分为三个实施阶段。

1.象征性的第一时段排放限值的确定

既然是象征意义的排放限值,那么加严 20 mg/L 还是 30 mg/L 并没有太大的影响。就漂白草浆而言,这一时段即便将 COD 排放限值定在 420 mg/L,以当时的监测数据来看,仍有近 50% 的草浆企业不能实现达标排放,这主要是由于这些企业落后的治污技术和管理水平导致的,显然不能代表标准实施后的达标情况。实际上,绝大多数的企业只要确保水污染处理设施稳定运行,即可实现达标。

2.基于当时先进技术的第二时段排放限值的确定

从调研结果和文献资料分析来看,基于二级处理技术稳定运行的情况下,COD排放浓度低于300 mg/L是完全可以实现的。根据《山东省排放污染物总量控制方案》公布的2001年的监测结果,山东省内五家日废水排放量超过2万吨的大型草浆制浆造纸企业在部分天数均出现了COD排放浓度低于300 mg/L的情况。据进一步了解,这些企业出现COD低于300 mg/L的天数往往得益于这些天内黑液提取率相对较高和设施运行稳定。因此,对具有一定规模的企业来说,在加强清洁生产和确保二级处理设施稳定运行的情况下,是有能力达到上述标准的,这也代表了该时段国内最先进的污染控制技术水平。这一时段限值的执行时间距上一时段有3年,企业可以充分利用这一时间配备碱回收处理设施,或对污水处理设施进行升级改造。

3.基于可预见先进技术的第三时段排放限值的确定

考虑到山东省经济社会发展和环境保护战略第一阶段的目标,即2010年河流断面COD需控制在60 mg/L以下,因此有必要将造纸行业的COD定在120 mg/L。就当时的技术水平来看,除非草浆制浆企业在制浆技术或污水处理水平方面取得突破,否则很难达到这个标准。参考国外在木浆生产过程中采用的先进污染防治技术(特别是ECF漂白和TCF漂白)、国外对甲酸法麦草制浆技术的探索以及国内外废水深度处理技术的研发情况,预留出8年的技术进步时间并实现120 mg/L的排放限值是可行的。如果草浆企业经过8年时间仍然无法转变粗放的发展方式,则在缺水的山东省就应该淘汰这些落后的生产力。此外,企业通过原料结构调整或依托城镇污水处理厂对排放的废水进行二次处理也是实现达标排放的可选途径。

(三)可行性分析

从山东省当时的调研情况来看,除第一时段外,第二时段、第三时段企业的达标率均为零。以当时的状况去计算3年后甚至8年后的达标率显然是不合理的。为验证对达标情况的预测是否合理,标准编制组对山东省的造纸企业进行了第二次大规模调查,并让企业根据自身实际预测未来第三时段的达标情况。根据调查和企业预测,8年后,预计有80%的企业仍然达不到 120 mg/L 的 COD 排放限值。进一步分析发现,这 80％的企业产量之和仅占山东省造纸行业总产量的 30％左右,而且规模较小、技术较落后的企业居多;预计能够达标的 20％的企业产量之和将达山东省造纸行业总产量的 70％左右(其中,仅规模排名前 10 位的企业产量就占 45％),这些企业是规模较大、技术较先进的企业,代表了先进生产力的发展方向。

因此,不能简单地以达标率作为标准限值可行性的评价指标,而应该具体分析这些超标企业的情况。2003 年 5 月标准刚刚实施不久,国家环境保护部门对当时正在生产的 41 家麦草制浆企业进行了暗访,发现 85％的企业能够达到第一时段排放限值的要求,部分企业能提前达到甚至超过第二阶段排放限值的要求。其中,山东省内有 2 家造纸企业的 COD 排放浓度已经能够下降到 150 mg/L 以下,另外一家造纸企业也能稳定地达到 200 mg/L 以下,这在很大程度上也说明山东省造纸排放标准限值的确定是科学可行的。

第二节　山东省流域水污染物排放标准编制方法与技术

一、流域水污染控制的基础条件分析

掌握流域水污染控制的基础条件,是进行标准限值与水质挂钩的基础。按照南水北调东线山东段治污方案,调水期企业废水处理达标后排入支流,经支流稀释净化后的中水通过截蓄导用工程进行回用,其余的必须先进入河口、湖滨带等人工湿地水质净化工程,达到地表水Ⅲ类标准后方可排入调水干线,即南四湖;冬季结冰期不向下游排水(其主要通过截蓄导用工程进行调节)。因此,"治、用、保"系统推进治污体系的实施以及河流自身的稀释净化作用是南水北调流域控制水污染的基础条件。

人工湿地水质净化工程是控制水污染的最后一道屏障。如果通过人工湿地水质净化工程可以确保出水稳定达到Ⅲ类标准,则排污单位排放的废

水经河道稀释净化后能够满足人工湿地水质净化工程的进水水质要求。为验证人工湿地水质净化工程的运行效果,确定湿地的进水水质,自 2003 年起,山东省先后开展了南四湖人工湿地中试实验和南四湖新薛河人工湿地水质净化示范工程建设。其中,南四湖新薛河人工湿地水质净化示范工程位于新薛河入湖口,面积约 3000 亩,每天处理水量 2 万立方米。

南四湖新薛河人工湿地水质净化示范工程的运行,为南四湖流域大规模人工湿地水质净化工程的建设积累了设计、建设和运行的经验,也为由控制断面水质目标反推标准限值提供了技术依据。达标后排入河道的中水经河道拦蓄,净化至 COD 在 40 mg/L 以下,NH_3-N 在 2 mg/L 以下,导入建成的人工湿地系统,通过湿地系统内生态滞留塘的物理沉淀以及藻类、微生物、水生植物等的生物作用,出水水质基本可以达到Ⅲ类水质标准,即 COD 不超过 20 mg/L,NH_3-N 不超过 1 mg/L。设计水力负荷为夏季 $q_1 = 0.016$ m³/(m²·d),冬季 $q_2 = 0.01$ m³/(m²·d);水力停留时间(HRT)为 16 天,COD 去除负荷为 0.5 g/(m²·d),NH_3-N 去除负荷为 0.06 g/(m²·d),单位湿地面积投资为 5075 元/亩(含土地补偿费),单位处理成本为 0.05 元/吨(水)。

经过几年的稳定运行,南四湖新薛河人工湿地示范区在进水 COD 低于 40 mg/L(平均为 31.3 mg/L)、NH_3-N 低于 2 mg/L(平均为 1.6 mg/L)的情况下,人工湿地的出水 COD 浓度平均为 21.5 mg/L,平均去除率为 40%;出水 NH_3-N 浓度平均为 0.6 mg/L,平均去除率为 55%,基本能够满足南水北调东线治污规划对入湖河流控制断面水质目标的要求。

二、控制区的划分与排放限值分级

在充分考虑流域内不同河流水生态系统特征差异的前提下进行控制区的划分与排放限值分级,既可以确保水质目标的实现,又可以充分利用河流对污染物的自然净化和降解能力,节省治污成本,减轻流域的治污压力。

控制区一般可以划分为两类,即重点保护区域和一般保护区域。重点保护区域内污染源执行相对严格的排放限值,一般保护区域内污染源执行相对宽松的排放限值。水体环境特别敏感的也可设置核心保护区域或特殊保护区域,核心保护区域一般禁止直接排放。通过这种有差别的排放限值来引导企业在一般保护区域内布局,从而起到优化流域产业布局的作用。

根据流域重点保护水体的不同,控制区的划分一般可以采取两种方式:一种是重点保护水体相对集中的流域,湖泊性流域和以某条较大型河流为保护主体的河流性流域属于该种类型。对于这些类型的流域,一般可以依据污染源沿支流到达入湖口或干线河流的距离来划分,从而充分利用支流的自然稀释和净化能力,这方面的代表性流域是山东省南水北调流域、小清河流域等。另一种是重点保护水体相对分散的流域,也就是说由多条较大河流构成的流域,重点保护水体往往分布在不同河流的某个河段,对于该类型的流域,一般可以依据污染源沿支流到达该重点保护河段的距离来划分,这方面的代表性流域是山东省辖海河流域、山东半岛流域等。

三、水质模型及其参数的确定

(一)水质模型研究

了解人工湿地水质净化工程的进水水质要求后,要进一步确定其他各项水污染控制措施对水质的改善作用,一般通过水质模型来测算。

为了建立污染源排放浓度与河流水质的输入响应关系,笔者进行了针对山东省水环境容量的核定研究,并在薛城小沙河控制单元开展了水量水质输入响应关系的研究示范。为了实现排放限值与水质目标挂钩,一般可以采用水质标准反演法,采用水质标准反演法的关键环节是要确定流域内河流对污染物的稀释倍数或净化能力。这里以 COD、NH_3-N 两项指标为例,建立水质模型来实现排放限值与水质目标的挂钩,对其他指标可以采用稀释倍数法来推算污染物的排放限值。

污染物随着污水排入河流之后,从污水排放口到河流某横断面达到均匀分布这一过程,通常要经历竖向混合与横向混合两个阶段。在竖向混合阶段，由于所研究的问题涉及空间的三个方向，因此竖向混合问题又称为三维混合问题，相应的横向混合问题称为二维混合问题，完成横向混合以后的问题称为一维混合问题。在实际工作中，由于研究的河段很长，水深、水面宽度都相对很小，污染物浓度在断面上横向变化不大，因此可以将其简化为一维混合问题，并用一维水质模型模拟污染物沿河流纵向的迁移问题。南水北调流域内的大多数河流属于水深及水面宽度相对较小的河流，因此可以利用这种简化的一维水质模型进行测算。

在此，选择如下的河流一维稳态混合衰减水质模型的微分方程进行测算：

$$u \frac{\mathrm{d}C}{\mathrm{d}x} = -KC \qquad (4\text{-}1)$$

式（4-1）的积分解为：

$$C = C_0 \exp(-KL/u) \qquad (4\text{-}2)$$

式中，C 为排污点下游距离 L 处相应的保护水域下游分界断面 COD 或 $NH_3\text{-}N$ 的浓度，C_0 为排污点河流初始混合相应的保护水域上游分界断面 COD 或 $NH_3\text{-}N$ 浓度，u 为河流的流速，x 为正交坐标，K 为降解系数（COD 的降解系数为 K_{COD}，$NH_3\text{-}N$ 的降解系数为 K_N）。

计算过程是按照河流中水经过入河口、湖滨带人工湿地水质净化工程达到地表水环境质量Ⅲ类标准的水质条件，反推给定排放标准限值和相应的保护区域长度，公式如下：

$$L = -\frac{u}{K} \ln\left(\frac{C}{C_0}\right) \qquad (4\text{-}3)$$

$$C_0 = \frac{Q_r C_r + q C_p}{Q_r + q} \qquad (4\text{-}4)$$

式中，Q_r 为河水流量，q 为排污流量（北方河流以 COD 为主的污水取 $20\% Q_r$，以 $NH_3\text{-}N$ 为主的污水取 $10\% Q_r$），C_r 为河水 COD 或 $NH_3\text{-}N$ 的背景浓度，C_p 为排污 COD 或 $NH_3\text{-}N$ 的浓度。

(二)模型参数的确定

1.河流综合降解系数 K 的确定

通常,河流综合降解系数 K 的确定有以下几种方法:

(1)资料类比分析法。资料类比分析法是利用国内外有关河流已有的研究成果,与所研究河流的实际情况进行类比分析,确定综合降解系数。

(2)实测数据估值法。实测数据估值法是在有条件的情况下,选择适当的污染物进行示踪试验,选取比较顺直、稳定均匀的河段,依据降解系数推算模式所需的参数,测算有关数据。如果试验次数较少,则所得数据具有一定的随机性。

(3)利用常规监测资料估算法。利用常规监测资料估算法一般要求水文站和水质站同地布设,主要河流均设有水质监测站,并拥有时间序列较长的水质监测资料。可以选择模型化程度较好的河段,利用监测资料并结合河流的水力学同期监测值,进行综合降解系数的测算。

为了较准确地确定河段的综合降解系数,山东省采取了资料类比分析法,对省控河流选取模型化程度较好的河段,在一年内分四个季度进行了实测,几组数据相互验证,作为最终的综合降解系数。在制定南水北调标准时,主要依据当时河流污染物 V 类/劣 V 类水质断面综合降解系数的设计值确定,如表 4-2 所示。

表 4-2 南水北调流域主要河流降解系数设计值

河流名称	河段起止断面	COD综合降解系数 K_{COD}/d^{-1}	氨氮综合降解系数 K_N/d^{-1}
泉河	杨家庄—小店子	0.300	0.26
泗河干流	李家庄—卞桥	0.420	0.36
	卞桥—入湖口	0.320	0.28
小沂河	大刘家庄—河头村	0.320	0.28

续表

河流名称	河段起止断面	COD综合降解系数 K_{COD}/d^{-1}	氨氮综合降解系数 K_N/d^{-1}
洸府河	石碣集—官家口	0.420	0.36
	官家口—骆楼	0.220	0.19
	骆楼—入湖口	0.320	0.28
白马河干流	卧牛庄—入湖口	0.300	0.26
邹城大沙河	程家沟—故下	0.300	0.26
济宁老运河	白咀—入湖口	0.300	0.26
城河	岩马庄—幸福坝	0.420	0.36
	幸福坝—西韩桥	0.320	0.28
郭河	老梅洞—董庄	0.320	0.28
峄城沙河	方山头—西花沟	0.420	0.36
	西花沟—魏庄	0.380	0.33
新薛河	石山后—入湖口	0.255	0.22
薛城大沙河	水库出口—入湖口	0.275	0.24
北沙河	马河—入湖口	0.282	0.24
薛城小沙河	源头—入湖口	0.257	0.22
洙赵新河干流	菜园集—于楼	0.280	0.24
	于楼—入湖口	0.220	0.19
郓郓河	蒋集—赵庄	0.280	0.24
郓巨河	新李庄—曹楼	0.280	0.24
菏泽洙水河	何楼—毛官屯	0.300	0.26
东鱼河北支/新万福河	杨宅—纸坊	0.260	0.22
	纸坊—入湖口	0.280	0.24

续表

河流名称	河段起止断面	COD综合降解系数 K_{COD}/d^{-1}	氨氮综合降解系数 K_N/d^{-1}
东鱼河	刘楼—谭庄	0.207	0.18
	谭庄—连店	0.280	0.24
	连店—西姚	0.220	0.19
老万福河	刘楼—入湖口	0.300	0.26
济宁洙水河	徐庄—入湖口	0.300	0.26
老赵王河	西刘庄—棒李	0.300	0.26
新赵王河	沙土集—水牛陈	0.300	0.26
西支河	东鱼河接界—入湖口	0.300	0.26
大汶河干流	大王庄—大汶口	0.420	0.36
	大汶口—南城子	0.410	0.35
	南城子—王台大桥	0.280	0.24
柴汶河	龙池庙—东都镇	0.410	0.35
	东都镇—高村	0.420	0.36
瀛汶河	胡家庄—渐汶河	0.400	0.35
牟汶河	龙巩峪—莱城东大桥	0.410	0.35
	莱城东大桥—嘶马河	0.450	0.39
	嘶马河—大王庄	0.420	0.36

2.目标水质的确定

根据《南水北调东线山东段控制单元治污方案》的要求,所有河道中的水先进入人工湿地,再进入调水干线。因此,这里的水质目标实际上是人工湿地水质净化工程的入水水质,而不是河流断面水质。其他流域如果没有采取这种治污模式,则目标水质一般直接对应河流断面水质。

根据《南水北调东线山东段控制单元治污方案》的要求,人工湿地水质净化工程的出水水质需达到Ⅲ类水质,即COD不超过 20 mg/L,NH₃-N 不超过 1 mg/L。按照人工湿地的实际运行数据,湿地对 COD 和 NH$_3$-N 的去除率分别为 40％和 55％。为确保出水水质满足Ⅲ类要求,进水 COD 和 NH$_3$-N 应分别保持在 33.3 mg/L 和 2.22 mg/L 以下(见表 4-3)。

表 4-3　山东省南水北调沿线控制区水污染物浓度范围

污染物名称	入河口、湖滨带人工湿地出水Ⅲ类入调水干线	入河口、湖滨带人工湿地进水	拟定排放限值 C_p
COD	＜20 mg/L	＜33.3 mg/L	待定
NH$_3$-N	＜1 mg/L	＜2.2 mg/L	待定

3.排放限值的拟定值

由于南四湖是整个南水北调流域的最终纳污水体,也是调水最主要的调蓄湖泊,因此为了模拟不同废水排放水平对调水干线南四湖的水质影响状况,并初步给出流域的排放限值,标准编制组根据南四湖的自然特征、水流条件以及实际基础资料情况,选用深度平均的 SMS 模型的二维水流-水质数学模型进行了模拟。基本控制方程组包括两个运动方程、一个连续方程和一个污染物守恒方程,基本方程为:

$$h\frac{\partial u}{\partial t}+hu\frac{\partial u}{\partial x}+hv\frac{\partial u}{\partial y}-\frac{h}{\rho}\left(E_{xx}\frac{\partial^2 u}{\partial x^2}+E_{xy}\frac{\partial^2 u}{\partial y^2}\right)+gh\left(\frac{\partial z}{\partial x}+\frac{\partial h}{\partial x}\right)+\frac{gun^2}{h^{1/3}}\times(u^2+v^2)^{1/2}$$
$$-\gamma_a^2\rho_a w^2\cos\Psi-2h\omega v\sin\varphi=0 \tag{4-5}$$

$$h\frac{\partial v}{\partial t}+hu\frac{\partial v}{\partial x}+hv\frac{\partial v}{\partial y}-\frac{h}{\rho}\left(E_{yx}\frac{\partial^2 v}{\partial x^2}+E_{yy}\frac{\partial^2 v}{\partial y^2}\right)+gh\left(\frac{\partial z}{\partial y}+\frac{\partial h}{\partial y}\right)+\frac{gvn^2}{h^{1/3}}\times(u^2+v^2)^{1/2}$$
$$-\gamma_a^2\rho_a w^2\sin\Psi-2h\omega u\sin\varphi=0 \tag{4-6}$$

$$\frac{\partial h}{\partial t}+\frac{\partial hu}{\partial x}+\frac{\partial hv}{\partial y}=0 \tag{4-7}$$

$$\frac{\partial C}{\partial t}+u\frac{\partial C}{\partial x}+v\frac{\partial C}{\partial y}-\frac{\partial}{\partial x}\left(D_x\frac{\partial C}{x}\right)-\frac{\partial}{\partial y}\left(D_y\frac{\partial C}{y}\right)+\alpha C\pm S=0 \tag{4-8}$$

式中,h 为水深,单位是 m;x,y 为正交坐标,单位是 m;u,v 为 x,y 方向的流速分量,单位是 m/s;ρ 为水的密度,单位是 kg/m^3;ρ_a 为空气的密度,单位是 kg/m³；E 为涡黏性系数，xx 为 x 轴面的法线方向，yy 为 y 轴面的法线方向，xy 和 yx 分别为 x 和 y 方向的剪切方向，单位是 Pa·s；g 为重力加速度，单位是 m/s²；z 为湖底的高程，单位是 m；n 为糙率系数；γ_a^2 为风剪切应力系数；Ψ 为风的方向与 x 方向的逆时针夹角，取值范围为 $0 \sim 360°$；ω 为地球自转的角速度，单位是 rad/s；φ 为当地的纬度；C 为湖中污染物的浓度，单位是 mg/L；D_x，D_y 为 x，y 方向上的扩散系数，单位是 m²/s；α 为有机物的生物化学降解系数，单位是 d⁻¹；S 为源与漏。

采用伽辽金有限元法求解湖泊恒定流速场和水位，在此基础上再求解式(4-8)，获得湖泊污染物浓度场，水质模型计算方法采用类似于水流动量方程的有限元公式计算。借助 SMS 地表水模型系统及相关软件来模拟不同调水工况条件下南四湖的 COD 浓度场和 NH₃-N 浓度场。

考虑到部分河流入湖口受自然环境制约不具备建设人工湿地的条件，同时个别河流基本上没有自然净化的能力，因此对南四湖二维浓度场进行模拟时，假设所有入湖河口均未建设人工湿地水质净化工程这种最不利的条件，这相当于 TMDL 计划中的安全余量。

模拟结果显示，按照调水沿线各类污染源排放限值逐步达到 100 mg/L 以下，即按照所有河流入湖口水质达到 COD 100 mg/L 进行计算，一期调水后：正常设计条件下和特殊干旱条件下，上级湖出湖口 COD 浓度分别为 21.6 mg/L 和 25.4 mg/L，下级湖出湖口 COD 浓度分别为 18.3 mg/L 和 19.6 mg/L。

按照所有河流入湖口水质达到 COD 浓度为 60 mg/L 进行计算，一期调水后，正常设计条件下和特殊干旱条件下，上级湖出湖口 COD 浓度分别为 18.6 mg/L 和 20.6 mg/L，下级湖出湖口 COD 浓度分别为 17.8 mg/L 和 18.4 mg/L。

由模拟结果可以看出，在全流域执行 COD 浓度为 60 mg/L 的前提下，上级湖出湖口及下级湖出湖口基本可以满足Ⅲ类水质要求；如果进一步通过入湖河口人工湿地水质净化工程减少污染物，可以保证湖区稳定实现Ⅲ类水质。因此，拟定重点保护区域 COD 的排放限值为 60 mg/L，考虑到距离衰减的影响，拟定一般保护区域 COD 排放限值为 100 mg/L；重点保护区域和一般保护区域的 NH_3-N 排放限值拟定为 10 mg/L 和 15 mg/L。在此基础上,得到南水北调沿线控制区水污染物排放标准拟定值 C_p,如表 4-4 所示。

表 4-4　南水北调沿线控制区水污染物排放标准拟定值 C_p　　单位:mg/L

污染物名称	重点保护区域	一般保护区域
COD	60	100
NH_3-N	10	15

对于非湖泊性流域,其拟定值的确定可以依据经验大体给出一个数值,通过河流水质模型进行反复验证并修正后得到。

4.控制区范围及 COD 和 NH_3-N 浓度限值的修正

计算结果表明,按山东省南水北调沿线河流各河段 COD 综合降解系数(范围为 0.207~0.45 d^{-1},75%保证率数值为 0.267 d^{-1})计算的重点保护区域 L_1 的范围为 6.8~14.9 km,75%保证率数值为 11.5 km,相应的重点保护区域 COD 允许排放浓度值为 61.4 mg/L。按各河段 NH_3-N 综合降解系数(范围为 0.18~0.39 d^{-1},75%保证率数值为 0.231 d^{-1})计算的重点保护区域 L_1 的范围为 8.7~19.0 km,75%保证率数值为 14.7 km,相应的重点保护区域 NH_3-N 允许排放浓度值为 9.5 mg/L。

如果按 COD 确定的重点保护区域 11.5 km,反推重点保护区域 NH_3-N 允许排放浓度值为 4.21~14.43 mg/L,75%保证率数值为 6.5 mg/L,可见重点保护区域内 NH_3-N 的浓度限值将过于严格。因此,重点保护区域河口上游长度取 14.7 km,经修正后,确定重点保护区域河口上游长度取 15 km,15 km 以外为一般保护区域,南水北调工程干渠大堤和流经湖泊大堤内的全部区域为核心保护区域。

山东省南水北调沿线河流各河段 COD 综合降解系数、重点保护区域及 COD 允许排放浓度如表 4-5 所示。

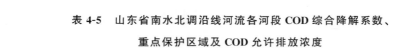

表 4-5　山东省南水北调沿线河流各河段 COD 综合降解系数、
重点保护区域及 COD 允许排放浓度

	河段起止断面	COD 综合降解系数 K/d^{-1}	重点保护区域 L_1/km	COD 允许排放浓度/(mg/L)
泉河	杨家庄—小店子	0.30	10.3	75.3
泗河干流	李家庄—卞桥	0.42	7.3	131.6
	卞桥—入湖口	0.32	9.6	84.0
小沂河	大刘家庄—河头村	0.32	9.6	84.0
洸府河	石碣集—官家口	0.42	7.3	131.6
	官家口—骆楼	0.22	14.0	42.4
	骆楼—入湖口	0.32	9.6	84.0
白马河干流	卧牛庄—入湖口	0.30	10.3	75.3
邹城大沙河	程家沟—故下	0.30	10.3	75.3
济宁老运河	白咀—入湖口	0.30	10.3	75.3
城河	岩马庄—幸福坝	0.42	7.3	131.6
	幸福坝—西韩桥	0.32	9.6	84.0
郭河	老梅洞—董庄	0.32	9.6	84.0
峄城沙河	方山头—西花沟	0.42	7.3	131.6
	西花沟—魏庄	0.38	8.1	111.8
新薛河	石山后—入湖口	0.255	12.1	56.4
薛城大沙河	水库出口—入湖口	0.275	11.2	64.6
北沙河	马河—入湖口	0.282	10.9	67.6
薛城小沙河	源头—入湖口	0.257	12.0	57.2
洙赵新河干流	菜园集—于楼	0.28	11.0	66.7
	于楼—入湖口	0.22	14.0	42.4
鄄郓河	蒋集—赵庄	0.28	11.0	66.7

续表

河段	河段起止断面	COD 综合降解系数 K/d^{-1}	重点保护区域 L_1/km	COD 允许排放浓度/(mg/L)
郓巨河	新李庄—曹楼	0.28	11.0	66.7
菏泽洙水河	何楼—毛官屯	0.30	10.3	75.3
东鱼河北支/新万福河	杨宅—纸坊	0.26	11.9	58.4
	纸坊—入湖口	0.28	11.0	66.7
东鱼河	刘楼—谭庄	0.207	14.9	37.4
	谭庄—连店	0.28	11.0	66.7
	连店—西姚	0.22	14.0	42.4
老万福河	刘楼—入湖口	0.30	10.3	75.3
济宁洙水河	徐庄—入湖口	0.30	10.3	75.3
老赵王河	西刘庄—棒李	0.30	10.3	75.3
新赵王河	沙土集—水牛陈	0.30	10.3	75.3
西支河	东鱼河接界—入湖口	0.30	10.3	75.3
大汶河干流	大王庄—大汶口	0.42	7.3	131.6
	大汶口—南城子	0.41	7.5	126.5
	南城子—王台大桥	0.28	11.0	66.7
柴汶河	龙池庙—东都镇	0.41	7.5	126.5
	东都镇—高村	0.42	7.3	131.6
瀛汶河	胡家庄—渐汶河	0.40	7.7	121.6
牟汶河	龙巩峪—莱城东大桥	0.41	7.5	126.5
	莱城东大桥—嘶马河	0.45	6.8	147.1
	嘶马河—大王庄	0.42	7.3	131.6
43 条河段综合降解系数按大小排序，拟合选择 75% 保证率数值		0.267	11.5	61.4

山东省南水北调沿线河流各河段 NH$_3$-N 综合降解系数、重点保护区域及 NH$_3$-N 允许排放浓度如表 4-6 所示。

表 4-6　山东省南水北调沿线河流各河段 NH$_3$-N 综合降解系数、重点保护区域及 NH$_3$-N 允许排放浓度

	河段起止断面	NH$_3$-N 综合降解系数 K/d^{-1}	重点保护区域 L_1/km	NH$_3$-N 允许排放浓度/(mg/L)
泉河	杨家庄—小店子	0.26	13.1	11.3
泗河干流	李家庄—卞桥	0.36	9.4	18.8
	卞桥—入湖口	0.28	12.3	12.5
小沂河	大刘家庄—河头村	0.28	12.3	12.5
洸府河	石碣集—官家口	0.36	9.4	18.8
	官家口—骆楼	0.19	17.9	7.0
	骆楼—入湖口	0.28	12.3	12.5
白马河干流	卧牛庄—入湖口	0.26	13.1	11.3
邹城大沙河	程家沟—故下	0.26	13.1	11.3
济宁老运河	白咀—入湖口	0.26	13.1	11.3
城河	岩马庄—幸福坝	0.36	9.4	18.8
	幸福坝—西韩桥	0.28	12.3	12.5
郭河	老梅洞—董庄	0.28	12.3	12.5
峄城沙河	方山头—西花沟	0.36	9.4	18.8
	西花沟—魏庄	0.33	10.3	16.2
新薛河	石山后—入湖口	0.22	15.4	8.9
薛城大沙河	水库出口—入湖口	0.24	14.3	9.9
北沙河	马河—入湖口	0.24	13.9	10.3
薛城小沙河	源头—入湖口	0.22	15.3	9.0
洙赵新河干流	菜园集—于楼	0.24	14.0	10.2
	于楼—入湖口	0.19	17.9	7.0

续表

河段	起止断面	NH₃-N综合降解系数 K/d⁻¹	重点保护区域 L_1/km	NH₃-N允许排放浓度/（mg/L）
鄄郓河	蒋集—赵庄	0.24	14.0	10.2
郓巨河	新李庄—曹楼	0.24	14.0	10.2
菏泽洙水河	何楼—毛官屯	0.26	13.1	11.3
东鱼河北支/新万福河	杨宅—纸坊	0.22	15.1	9.1
	纸坊—入湖口	0.24	14.0	10.2
东鱼河	刘楼—谭庄	0.18	19.0	6.4
	谭庄—连店	0.24	14.0	10.2
	连店—西姚	0.19	17.9	7.0
老万福河	刘楼—入湖口	0.26	13.1	11.3
济宁洙水河	徐庄—入湖口	0.26	13.1	11.3
老赵王河	西刘庄—棒李	0.26	13.1	11.3
新赵王河	沙土集—水牛陈	0.26	13.1	11.3
西支河	东鱼河接界—入湖口	0.26	13.1	11.3
大汶河干流	大王庄—大汶口	0.36	9.4	18.8
	大汶口—南城子	0.35	9.6	18.2
	南城子—王台大桥	0.24	14.0	10.2
柴汶河	龙池庙—东都镇	0.35	9.6	18.2
	东都镇—高村	0.36	9.4	18.8
瀛汶河	胡家庄—渐汶河	0.35	9.8	17.5
牟汶河	龙巩峪—莱城东大桥	0.35	9.6	18.2
	莱城东大桥—嘶马河	0.39	8.7	20.9
	嘶马河—大王庄	0.36	9.4	18.8
43条河段综合降解系数按大小排序，拟合选择75%保证率数值		0.231	14.7	9.5

以此控制区范围反推重点保护区域 COD 允许排放浓度值为 37.1～125.2 mg/L，75％保证率数值为 68.9 mg/L；反推重点保护区域 NH_3-N 允许排放浓度值为 6.6～21.6 mg/L，75％保证率数值为 9.8 mg/L。经修正后，重点保护区域 COD 和 NH_3-N 的浓度值分别对应 60 mg/L 和 10 mg/L，一般保护区域 COD 和 NH_3-N 的浓度值分别对应 100 mg/L 和 15 mg/L。

这样，即使在所有河流均不考虑人工湿地和中水截蓄导用工程对污染物削减作用的前提下，COD 和 NH_3-N 入湖河口浓度分别为 60 mg/L 和 10 mg/L时，经过湖区二维浓度场的模拟计算，在调水期（即使是特殊干旱条件下）南四湖出水仍然能够达到东线治污规划确定的Ⅲ类水质目标。

四、其他污染因子限值的确定

（一）稀释倍数的确定

对直接排放废水的污染源，由于受纳水体的质量标准是确定的，因此当所排废水进入水体后，经过稀释、自净和各项综合治理措施（主要是"用""保"措施）后，允许废水中控制项的排放浓度高于其在水环境质量标准中的浓度。排放限值与水环境质量标准的比值可用稀释系数来表示。通过稀释系数法，可以解决多数因子缺失综合降解系数等水文条件而无法通过模型计算的问题。也就是说，水污染物排放限值可以用水环境质量标准与稀释系数反推出来，即排放限值＝质量标准×稀释系数（DF）。确定稀释系数时，需考虑污染物的排放量和排放浓度、综合治理措施和水体稀释能力。

目前，确定稀释系数的方法有三种，即统一系数法、定位计算法和模型估算法。其中，统一系数法是不考虑地域等因素的差别，对多种污染物采用同一个稀释系数的方法，该方法适用于水体稀释能力差异不大的区域。欧盟一些国家就是采用统一系数法，由质量标准反演排放限值的，如立陶宛统一采用的稀释系数为 20，丹麦对排放量小、危险性低的污染物采用的稀释系数为 10。采用定位计算法时，稀释系数通过下式计算得到：稀释系数＝（河流水量）$_{min}$/（污水排放量）$_{max}$。式中，河流水量和污水排放量的单位均为

m^3/s。用这种方法得到的稀释系数受区域的影响较明显，对于不同河流来说差别较大。模型估算法是借助模型，通过运用更多的水力学和动力学参数来模拟采用不同的稀释系数时，污染物在水环境中的混合情况，并通过比较选择出较为合理的稀释系数。模型估算法的优点在于针对性较强，可以更为详细地针对某点的废水排放对河流生态系统的影响进行评价，也可以对多源排放进行计算，缺点是需要的参数较复杂。

由于稀释系数法程序简单，所需参数少，有利于对区域污染物的排放管理，因此，结合山东省南水北调沿线区域的环境特点，最终决定采用统一系数法确定稀释系数，并根据稀释系数推算排放标准限值。

根据调查，受纳水体纳污能力的大小差异较大，污染物在进入水环境前后的浓度比为（2.5～20）：1，即污染物浓度减至原来的 $1/20\sim1/2.5$。与国外相比，山东省境内河流大多数属于季节性河流，枯水期基本上无水或断流，平水期径流量较小或形不成径流，对接纳的大量工业废水和生活污水的稀释和净化作用较差。如果直接以此作为稀释系数确定污染物的排放限值，无疑将过于严格。为此，需对稀释系数进行调整，即叠加污染综合防治措施对污染物的削减作用，得出总稀释系数（TDF）：

总稀释系数（TDF）＝直接稀释系数（DF）×间接稀释系数（DF′）

式中，直接稀释系数即水体本身对污染物的降解能力，间接稀释系数则是叠加了"治、用、保"污染综合防治措施后对污染物的削减作用。

根据《南水北调东线山东段控制单元治污方案》，以节水为基础，采取水污染防治、循环利用和流域生态保护的污染防治策略，山东省南四湖流域 COD 和 $NH_3\text{-}N$ 的削减率分别达到 88.14％和 90.70％，沂沭河流域 COD 和 $NH_3\text{-}N$ 的削减率分别达到 75.81％和 82.48％，东平湖流域 COD 和 $NH_3\text{-}N$ 的削减率分别达到 76.65％和 80.01％，就可以满足南水北调东线工程山东段的水质保护目标。也就是说，山东省水质影响区污染物的去除率为 75％～90％，因此，仅据综合治污措施推算，就可假定综合治理措施的稀释系数为 4～10；叠加河流自身的稀释能力后，保守情况下总的稀释系数可以大于 10，即稀释系数（10）＝4（治污措施削减能力）×2.5（纳污河流稀释能力）。可见，稀释系数取 10 不但是可行的，而且留有余地。据此就可采用统一系数法确定排放限值,即排放限值=水环境质量标准×10。

与欧盟的水质反演法所采用的统一系数法有所不同,在山东省南水北调流域采用的稀释系数既包含了河流自身的稀释能力,又包含了流域各项综合治污措施对污染物的削减能力,从而不至于使制定的排放限值过于严格。

(二)标准限值的修正

基于上述方法制定出的标准值只是一个粗略的估计值,需要进行修正。一般可以依据流域经济技术发展水平和水环境质量要求,结合国内外防治污染的最佳可行技术,参照国内地方(如上海、广东等地)和发达国家及地区(如美国、日本、欧盟等国家和地区)的水污染物排放标准限值,必要时采用模型估算法进行修正,以保证标准限值的可操作性。根据汇水区 2000 年以来,尤其是 2005 年以来的水质监测结果,可知其主要超标水污染物为 COD 和 NH_3-N,其次为石油类、挥发酚、磷酸盐。此外,氟化物、硫化物、阴离子表面活性剂和粪大肠菌群数偶有轻微超标现象。可见,从区域水质特点和水质保护目标的角度考虑,上述超标污染物是标准限值中重点控制的项目,应适当从严。此外,对总量控制、难以去除和具有持久性、毒性、生物累积性及致癌、致畸特性的污染物也应从严掌握。经修正,最终结果如表 4-7 所示。

表 4-7　南水北调标准(重点保护区域)与 GB 8978—1996 相比适当加严的项目对照表

序号	污染物	本标准值/(mg/L)	GB 8978—1996 中的一级标准值/(mg/L)	备注
1	总汞	0.005	0.05	第一类污染物
2	总镉	0.02	0.1	
3	总铬	0.5	1.5	
4	六价铬	0.2	0.5	
5	总砷	0.1	1.0	
6	总铅	0.1	1.0	
7	总镍	0.2	1.0	

续表

序号	污染物	本标准值/(mg/L)	GB 8978—1996 中的一级标准值/(mg/L)	备注
8	色度(稀释倍数)	40(医疗机构为 30)	50	
9	悬浮物(SS)	50(医疗机构为 30)	70	
10	化学需氧量(COD)	60	100(石油化工工业为 60)	
11	石油类	3	5	
12	动植物油	5	10	
13	挥发酚	0.2	0.5	
14	总氰化物	0.2	0.5	
15	硫化物	0.5	1.0	
16	氨氮(NH₃-N)	10	15	第二类污染物
17	氟化物	8	10	
18	磷酸盐(以 P 计)	0.3	0.5	
19	甲醛	0.5	1.0	
20	苯胺类	0.5	1.0	
21	硝基苯类	1.0	2.0	
22	阴离子表面活性剂(LAS)	3.0	5.0	
23	总锰	1.0	2.0	
24	元素磷	0.05	0.1	
25	五氯酚及五氯酚钠(以五氯酚计)	3.0	5.0	
26	可吸附有机氯(AOX,以 Cl 计)	0.5	1.0	第二类污染物
27	粪大肠菌群数:医院、兽医院及医疗机构含病原体的污水	100 个/L	500 个/L(50 张床位以上的医院)	

　　除了南水北调流域水污染物综合排放标准外,小清河流域、海河流域、半岛流域也均采用了上述标准的编制方法,到 2010 年,四个流域的水污染物综合排放标准已经覆盖了山东省的全部区域。

第五章　山东省水污染物排放标准实施绩效评估

经过实践,山东省探索出了一条实现经济发展与环境质量改善同步共赢的新道路。在国家重点流域治污考核中,山东省先后实现了淮河流域治污考核"九连冠"和海河流域治污考核"七连冠"的成绩。2011 年,国务院通报表彰了"十一五"减排工作成绩突出的 8 个省级人民政府,山东省名列第一。2014 年,在中国社科院发布的《中国省域环境竞争力发展报告》中,山东省的环境竞争力位居全国第三位,其中作为考核依据之一的环境管理竞争力为山东省的强势指标,超出全国平均分 22.4 分。山东省地方水污染物排放标准的实施对山东省全省经济优化和环境质量改善发挥了重要作用。

第一节　山东省行业水污染物排放标准实施绩效评估
——造纸行业

一、造纸行业经济发展趋势分析

（一）行业规模化程度不断提高

《山东省造纸工业水污染物排放标准》的实施不仅没有对山东省的造纸

行业造成负面影响,反而促使山东省造纸行业的产量和利税逐年增加,并使山东省造纸行业的产量和经济效益连续多年居全国第一位。2016 年,全国重点造纸企业产量前 20 名中,有 6 家山东企业。

2002～2016 年,山东省机制纸及纸板产量实现了年均增速 4.72% 的持续稳定增长,部分主导品种的产量翻了一番。2010 年,山东省机制纸及纸板产量达到 1668.73 万吨,较 2002 年的 666 万吨增加了 1.5 倍,全省造纸及纸制品业规模以上企业完成利税 207 亿元,较 2002 年增加了 3.7 倍,如图5-1所示。

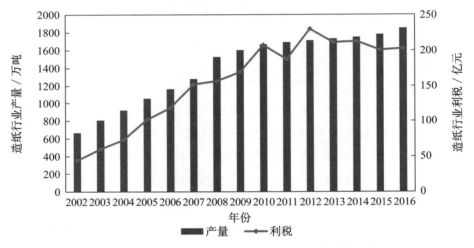

图 5-1　2002～2016 年山东省造纸行业产量与利税变化

2016 年,山东省机制纸及纸板产量达到 1850 万吨,占全国机制纸及纸板总产量的 17.04%,同比增长 3.93%;造纸行业实现产品销售收入 1310 亿元,占全国造纸行业产品销售收入的 15.01%。山东省造纸及纸制品业规模以上企业完成利税 203 亿元,重点骨干企业经济效益大幅增长,全行业运营质量明显好转。

长期以来,造纸行业都具有污染物排放量大和经济贡献率低的双重特征。自《山东省造纸工业水污染物排放标准》实施以来,山东省的造纸行业在污染物排放量大幅降低的同时,经济贡献率明显提高。2002 年,山东省造纸行业规模以上企业的利税占全省规模以上企业利税的 4.4%,2010 年同比增加了 14.1％,2013 年同比增加了 21.2％,造纸行业逐步进入良性发展轨道。

（二）产业结构优化,布局更加合理

《山东省造纸工业水污染物排放标准》实施后,企业根据标准的实施进程和自身实力,通过调整原料结构、联营兼并和技术进步等方式实现了平稳过渡,不能达标的企业通过转产等方式有序地退出了市场。2002～2016 年,山东省造纸用自制木浆产量增加了 3.6 倍,其中化学木浆产量增加了 4.6 倍,化机浆产量增加了 2.5 倍,推动了纸及纸板产品结构的调整升级。2002～2016 年,山东省草浆企业数量减少,企业规模扩大,企业实力增强,企业布局更加合理,促进了产业结构的优化。

2002 年,山东省共有造纸企业 297 家,其中草浆生产企业 45 家;至 2009 年,造纸企业数减少至 270 家,其中草浆生产企业数减少至 16 家,非木浆、木浆、废纸浆的比重已经由 2002 年的 50％∶12％∶38％调整为 2013 年的 10％∶40％∶50％。

企业规模的扩大和集中,使山东省造纸行业的竞争优势更加明显。以山东省的机制纸及纸板制造企业为例,2009 年,山东省规模以上的此类企业共计 220 家,其中规模较大的 10 家企业的工业总产值为 363.57 亿元,占山东省内行业总产值的 61％。2016 年,山东省浆纸产量超过 10 万吨的企业共 38 家,纸及纸板产量合计占山东省纸及纸板产量的 90％以上。山东省的大型造纸企业在全国同行业中也占据了领先地位,2016 年全国纸及纸板年产量超过 100 万吨的 19 家企业中,山东省有 4 家;全国重点造纸企业产量前 20 名中,有 6 家山东企业。

通过标准的实施,山东省解决了中小制浆造纸企业"遍地开花"、难以监管的问题,产业布局发生了较大变化,总体上形成了以废纸和商品浆为原料进行制浆造纸的东部沿海地区,以非木纤维进行制浆造纸的鲁西北地区和较为综合的鲁中、鲁南地区这三大区域,布局的进一步合理化提高了资源的综合利用与技术共享水平。

（三）行业科技进步明显，环境保护"瓶颈"问题逐步突破

山东省通过实施分阶段加严、可预见的环境标准，以数字化法规的形式宣布了落后生产力的淘汰进程，也为企业进行科技创新提供了强大的动力。早在2003年，山东省的各大造纸企业就直接瞄准了《山东省造纸工业水污染物排放标准》提出的要在2010年达成的目标，投巨资组织国内外专家进行科技攻关，突破了制浆工艺和废水深度处理回用技术等行业环境保护"瓶颈"问题。

在此期间，山东省环科院研发的重大科技专项"造纸废水深度处理与回用技术研究"也取得了重要突破，出水COD浓度小于60 mg/L，吨水成本仅为1～1.5元，目前已在全国7个省市得到推广应用。山东华泰集团自主和与其他企业联合开发的"制浆和碱回收过程优化控制系统的研究与应用""草浆生物预漂白和酶法改性技术"等多项技术获国家科技进步二等奖。山东泉林纸业集团在制浆和废水处理方面取得了碱法草浆废液无害化处理及有机复合肥料制造技术、酸析木质素技术、麦草二次置换蒸煮技术等186项专利，被国家有关部门命名为"泉林模式"。山东太阳纸业公司实施了科技攻关"纤维原料的生物质精炼"，利用木片水解液生产高值化的木糖、木糖醇，填补了高效连续法高纯度生物质纤维素生产及木片水解液生产木糖醇的世界空白。山东省造纸行业积极转化"新技术、新工艺、新材料、新设备"的研发成果，不断提升节能降耗、节水减排和"三废"资源化综合利用水平。目前，山东制浆造纸企业已经全部达到"常见鱼类稳定生存"的废水再排向环境的治污水平。据行业专家分析，由于治污技术先进，山东省造纸行业整体水平领先国内同行业者5年左右。山东省造纸企业采用的节水、节能环境保护工艺、技术和装备及运行效果等一直走在全国前列。

与1996～2002年以行政手段关停企业带来的经济影响和社会影响相比，自《山东省造纸工业水污染物排放标准》实施以来，山东省造纸企业根据标准的实施进程和自身实力，通过转产或技术进步实现了平稳过渡，以较低的治理成本达到了标准要求，不能达标的企业逐步自动退出市场。造纸行业以较小的社会和经济代价，取得了污染减排、产业结构优化升级等多重效益。

二、造纸行业生态环境指标评估

(一)污染物排放量大幅削减

《山东省造纸工业水污染物排放标准》颁布实施后,山东省造纸行业的 COD 排放量大幅度减少,如图 5-2 所示。2010 年,山东省造纸行业 COD 排放量为 7.8 万吨,较标准实施前(2002 年)减少了 12.4 万吨;2013 年,山东省造纸行业 COD 排放量为 2.4 万吨,较标准实施前(2002 年)减少了 17.8 万吨。

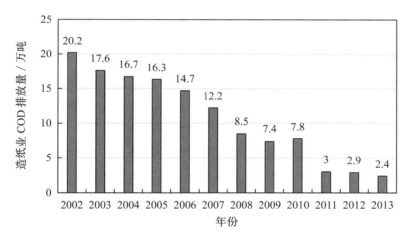

图 5-2 2002～2013 年山东省造纸行业 COD 排放量

造纸行业的主要污染物减排对山东省污染物减排工作的贡献较为明显。仅从污染物排放存量数据来看,2010 年,山东省工业 COD 排放量比 2002 年减少了 12.5 万吨(由 42.0 万吨减少至 29.5 万吨),其中造纸行业 COD 减排量占全省工业 COD 减排量的 90％以上。2013 年,山东省工业 COD 排放量比 2002 年减少了 28.7 万吨(由 42.0 万吨减少至 13.3 万吨),其中造纸行业 COD 减排量占全省工业 COD 减排量的 62.0％。

实际减排量包括上述削减的存量和消化的新增量两部分,下面进一步核算标准实施在山东省造纸业 COD 实际减排总量中的贡献率。

1.减排量计算方法

(1)造纸行业 COD 减排量。采用行业宏观核算法,计算山东省造纸行业 COD 减排量的公式如下:

$$R_{造纸}＝E_{造纸上年}＋E_{造纸新增}－E_{造纸} \tag{5-1}$$

式中,$R_{造纸}$ 为研究年山东省造纸行业 COD 减排量,单位为万吨;$E_{造纸上年}$ 为研究年上一年同期山东省造纸行业 COD 排放量,采用全省环境统计年报数据,单位为万吨;$E_{造纸新增}$ 为研究年山东省造纸行业 COD 新增排放量,单位为万吨;$E_{造纸}$ 为研究年山东省造纸行业 COD 排放量,采用全省环境统计年报数据,单位为万吨。

(2)造纸行业 COD 新增排放量。采用排污强度法核算造纸行业 COD 新增排放量($E_{造纸新增}$),核算公式如下:

$$E_{造纸新增}＝I_{造纸} \times (P_{造纸}－P_{造纸上年}) \tag{5-2}$$

式中,$E_{造纸新增}$ 为研究年造纸行业 COD 新增排放量,单位为万吨;$I_{造纸}$ 为研究年上一年造纸行业单位产品 COD 排放强度,单位为立方米/吨(m^3/t);$P_{造纸}$ 为研究年纸浆或机制纸及纸板的产量,单位为万吨;$P_{造纸上年}$ 为研究年上一年同期纸浆或机制纸及纸板的产量,单位为万吨。

(3)实施《山东省造纸工业水污染物排放标准》带来的 COD 减排量。根据 2003～2013 年的环境统计数据,山东省重点调查造纸企业的废水达标排放率在 99% 以上。计算 COD 减排量时,假定研究期间造纸行业全部达标排放,则造纸行业执行《山东省造纸工业水污染物排放标准》的年 COD 减排量计算公式如下:

$$R_{造纸 S}＝\sum_{i=1}^{n} R_{造纸 S_i} \tag{5-3}$$

$$R_{造纸 S_i}＝P_{造纸 i} \times (\omega_{造纸上年 i} \times c_{造纸上年 i}－\omega_{造纸当年 i} \times c_{造纸当年 i}) \times 10^{-6} \tag{5-4}$$

式中,$R_{造纸 S}$ 为研究年实施《山东省造纸工业水污染物排放标准》带来的 COD 减排量,单位为万吨;$R_{造纸 S_i}$ 为研究年不同生产工艺实施《山东省造纸工业水污染物排放标准》带来的 COD 减排量,i 为按照草浆、木浆、废纸和机制纸进行区分,下面 i 的含义相同,单位为万吨;$P_{造纸}$ 为研究年机制纸及纸板或纸浆产量,单位为万吨;$\omega_{造纸上年i}$ 为研究年上一年执行排放标准的基准排水量,单位为立方米/吨(m^3/t);$c_{造纸上年i}$ 为研究年上一年执行排放标准的 COD 允许排放浓度,单位为毫克/升(mg/L);$\omega_{造纸当年i}$ 为研究年上一年执行排放标准的基准排水量,单位为立方米/吨(m^3/t);$c_{造纸当年i}$ 为研究年执行排放标准的 COD 允许排放浓度,单位为毫克/升(mg/L)。

2.COD 减排量计算结果

(1)造纸行业 COD 减排量。2003～2010 年,山东省造纸行业新增 COD 排放量为 15.4 万吨,COD 存量削减 12.5 万吨,采取各类减排措施后,造纸行业 COD 总削减量为 27.9 万吨。2003～2013 年,山东省造纸行业新增 COD 排放量为 16.52 万吨,COD 存量削减 18.20 万吨。采取各类减排措施后,山东省造纸行业 COD 总削减量为 34.42 万吨(相关计算结果见表 5-1)。

表 5-1　山东省造纸行业 COD 减排量　　　　单位:万吨

	年末 COD 排放量	COD 新增排放量	COD 存量削减	COD 削减总量
2002 年	20.2	—	—	—
2003 年	17.6	4.25	2.60	6.85
2004 年	16.7	2.49	0.90	3.39
2005 年	16.3	2.45	0.40	2.85
2006 年	14.7	1.71	1.60	3.31
2007 年	12.2	1.44	2.50	3.94
2008 年	8.5	2.34	3.70	6.04
2009 年	7.4	0.43	1.10	1.53
2010 年	7.8	0.30	0.00	0.30
2011 年	3.0	0.73	4.77	5.50
2012 年	2.9	0.33	0.13	0.46
2013 年	2.4	0.04	0.50	0.54
累计	109.5	16.51	18.20	34.71

注:最后一行"累计"为 2003～2013 年的统计数据之和。

（2）实施《山东省造纸工业水污染物排放标准》带来的 COD 减排量。计算排放标准给山东省造纸行业带来的 COD 减排量时，根据制浆与造纸的排放限值分别计算。纸浆与造纸的基准排水量和 COD 允许排放浓度如表 5-2 所示。

表 5-2　国家与山东省造纸工业水污染排放标准 COD 排放限值对比

生产类型		基准排水量/(m³/t)			COD 排放浓度/(mg/L)				COD 排放允许量/(kg/t)			
		制浆			造纸	制浆			造纸	制浆			造纸
		草浆	木浆	废纸		草浆	木浆	废纸		草浆	木浆	废纸	
国家标准		300	220	60	60	450	400	400	100	135	88	24	6
山东标准	2003 年 5 月 1 日至 2006 年 12 月 31 日	200	200	35	40	420	350	150	100	84	70	5.25	4
山东标准	2007 年 1 月 1 日至 2009 年 12 月 31 日	150	150	20	20	300	200	100	100	45	30	2	2
	2010 年 1 月 1 日至 2013 年 12 月 31 日	150	150	20	20	120 (100)	120 (100)	100	100	18	18	2	2
	2013 年 1 月 1 日之后	150	150	20	20	60 (50)	60 (50)	60 (50)	60 (50)	9	9	1.2	2

需要注意的是，根据《山东省造纸工业水污染物排放标准》，自 2010 年起草浆和木浆执行 120 mg/L 的 COD 排放浓度。但山东省流域排放标准规定，自 2010 年起全省企业统一执行 100 mg/L 的 COD 排放浓度，2010 年之后山东省造纸企业实际执行的 COD 排放浓度是 100 mg/L。根据《关于批准发布〈山东省南水北调沿线水污染物综合排放标准〉等 4 项标准修改单的通知》，自 2013 年起，山东省统一执行重点保护区域 50 mg/L 和一般保护区域 60 mg/L 的 COD 排放浓度；根据《关于批准发布〈流域水污染物综合排放

标准第 1 部分:南四湖东平湖流域〉等 5 项山东省地方标准的通知》,自 2019 年起,山东省全省除沂沭河流域执行 40 mg/L 的 COD 排放标准外,其余部分均维持不变。

2003～2010 年,山东省实施地方造纸行业新标准共削减 COD 排放量 21.88 万吨,对全省造纸行业 COD 减排的贡献率为 78%。其中,木浆和草浆实施新标准的 COD 减排量最大,均占山东省造纸行业 COD 减排量的 29%(见表 5-3)。

2003～2013 年,山东省实施地方造纸行业新标准共削减 COD 排放量 29.50 万吨,对全省造纸行业 COD 减排的贡献率为 86%。其中,木浆实施新标准的 COD 减排量居首位,占山东省造纸行业 COD 减排量的 35%;草浆实施新标准的 COD 减排量占山东省造纸行业 COD 减排量的 31%(见表5-3)。

表 5-3　山东省造纸行业实施新标准带来的 COD 减排量　　单位:万吨

	削减量/贡献率	纸浆			机制纸和纸板制造	合计
		草浆	木浆	废纸		
2003～2010 年	COD 削减量	8.15	8.11	1.96	3.66	21.88
	对全省造纸业减排量的贡献	29%	29%	7%	13%	78%
2003～2013 年	COD 削减量	10.76	12.01	2.06	4.68	29.50
	对全省造纸业减排量的贡献	31%	35%	6%	14%	86%

(二)污染物排放强度持续下降

山东省造纸排放新标准实施前后,关于标准过于严格、大大超出行业承受能力的说法并不罕见。然而,经过数年的发展,山东省造纸行业的废水治理水平在国内走在了前列,实现了废水的稳定达标排放,全省造纸行业的废水排放强度低于全国造纸行业平均水平,并且废水治理成本在企业可承受的范围之内。通过对工业废水达标排放率的分析可以发现,2012 年山东省重点调查的 270 家造纸企业废水排放量为 3.27 亿吨,废水达标排放率为99.8%;同年,我国造纸工业废水排放量为 34.27 亿吨,重点调查的造纸企业废水达标排放率为 93.5%。

从全国和山东省造纸行业的 COD 排放强度的变化来看(见图 5-3),自2002 年起,山东省造纸行业的 COD 排放强度持续降低,并且其 COD 排放强度一直低于全国平均水平。2010 年山东省造纸行业万元产值 COD 排放强度为 2002 年的 33%,2012 年山东省造纸行业万元产值 COD 排放强度为2002 年的 11.1%。2002~2012 年,山东省造纸行业万元产值 COD 排放强度为全国平均水平的 27%~67%。

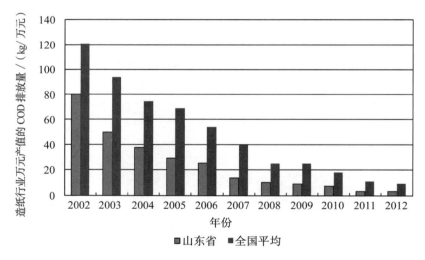

图 5-3　全国和山东省造纸行业 COD 排放强度变化

在取得上述废水治理成效的同时,山东省并未付出过高的成本。2012 年,山东省重点调查造纸企业的废水治理设施年运行费用为 102801 万元,占调查造纸工业总产值的 0.99%;每吨水的处理设施运行费用为 1.58 元,低于同期全国重点调查造纸企业平均每吨水的处理设施运行费用(1.76 元)。

三、造纸行业生命周期评估

（一）案例介绍

本部分将列举的案例为其他省份采用传统硫酸盐法制浆（案例 A）和山东省采用新型亚铵法制浆（案例 B）的情况，针对案例进行了生命周期环境影响（LCA）对比，以阐释两者的不同。

案例 A 采用 NaOH 和 $Na_2S_2O_3$ 作为蒸煮剂，并对黑液进行碱处理和能量回收处理，其中部分 NaOH 通过添加生石灰来回收。在洗涤、筛选和漂白（漂白系统）过程中，ClO_2 用于漂白，筛选物被送去焚烧。在废水处理系统中收集和处理来自不同阶段的废水。处理过的水部分再循环用于制造纸浆，来自废水处理系统的污泥进入焚烧系统。在焚烧系统中，植物残留物、筛选物和污泥被焚烧用于废物管理而没有能量回收。热能和电力由造纸厂自有的热电联产（CHP）工厂提供，其中氨和石灰石分别用于吸收 NO_x 和 SO_2。

案例 B 采用创新措施，改变了传统秸秆制浆的现状。为了提高对黑液的提取率，案例 B 使用快速置换蒸煮和使用自行设计的连续蒸煮来代替传统的分批蒸煮，将黑液提取率从 85％ 提高到了 92％。为了解决黑液利用率低的问题，碱和能量回收被生物肥转化所代替，其产物可以替代化肥，用于提高土壤的肥力。为了增加生物肥的营养水平，并减少肥料中 Na^+ 对土壤的潜在危害，使用（NH_3）$_2SO_3$ 作为蒸煮剂，（NH_3）$_2SO_3$ 通过 NH_3 和来自 CHP 的 SO_2 反应获得。（NH_3）$_2SO_3$ 的制备也有助于消除常规 CHP 中 SO_2 吸收过程中石灰石的使用。为了绝对消除可吸收有机卤素（AOX）和二噁英的形成，O_2 和 H_2O_2 用于生产完全无氯（TCF）纸浆，从而消除了 AOX 和二噁英对基本氯漂白的潜在危害。

（二）功能单位和生命周期评价系统边界

本研究的功能单位定义为"用麦秆生产的 1 吨风干漂白纸浆"，所有的情景设置、材料和能源输入、废物管理、排放等都基于这一功能单位。

    A 和 B 两个案例的生命周期评价系统边界如图 5-4 和图 5-5 所示。采用"从摇篮到门"的方法,边界包括麦秸运送、预处理、制浆、筛选和洗涤、漂白、碱回收、能源生产和现场废水处理等。小麦秸秆的种植和收获阶段被排除在系统边界之外,因为小麦秸秆在农业中被作为废物处理,而不是主要产品,因此默认种植和收获阶段的投入及排放的所有相关环境影响都由小麦产生。种植和收获的投入及排放的所有相关环境负担都分配给小麦,而不是根据小麦和小麦秸秆的质量或经济价值在这两个过程中分配环境影响。基于数据的可获得性,将制浆、筛选、洗涤和漂白过程整合到一个过程中。本章介绍了两个案例,对于案例 A,所有使用的蒸汽和电力都是现场生产的,此外工厂中有一个焚烧炉对制浆过程(虚线框中的过程)中的浆渣进行焚烧而没有能量回收;对于案例 B,其不存在碱回收过程,而存在黄腐酸肥料制备过程,该过程被纳入评价框架。黄腐酸肥料可以作为化肥的替代品使用,因而其对化肥的替代作用也被纳入评价框架。

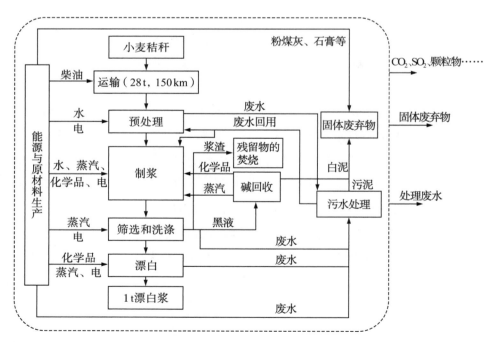

图 5-4　案例 A 的生命周期评价系统边界

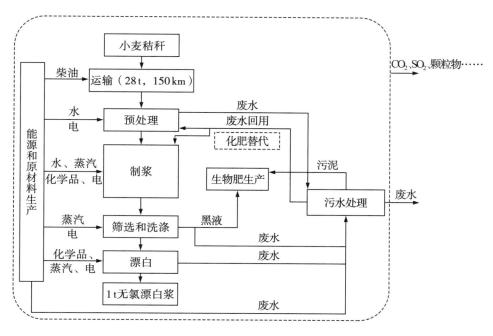

图 5-5　案例 B 的生命周期评价系统边界

在 GaBi 7.3.3 软件中,使用 Impact 2002＋方法计算中点生命周期评估结果,即 LCA 结果。Impact 2002＋方法中包括 15 种环境影响类别,如表5-4所示。

表 5-4　**Impact 2002＋的环境影响类别和对应单位**

影响类别	英文名称	单位
水体酸化	Aquatic acidification	kg SO_2-Eq. to air
水体生态毒性	Aquatic ecotoxicity	kg TEG-Eq. to water
水体富营养化	Aquatic eutrophication	kg PO_4-Eq. to water
致癌	Carcinogens	kg C_2H_3Cl-Eq. to air
全球变暖	Global warming 500yr	kg CO_2-Eq. to air
电离辐射	Ionizing radiation	Bq C-14-Eq. to air

续表

影响类别	英文名称	单位
土地占用	Land occupation	$m^2 * yr\text{-}Eq.$
矿物开采	Mineral extraction	MJ surplus
非致癌	Non-carcinogens	$kg\ C_2H_3Cl\text{-}Eq.$ to air
非可再生能源	Non-renewable energy	MJ
臭氧层破坏	Ozone layer depletion	$kg\ CFC\text{-}11\text{-}Eq.$ to air
光化学氧化	Photochemical oxidation	$kg\ C_2H_4\text{-}Eq.$ to air
呼吸影响	Respiratory effects	kg PM2.5-Eq. to air
陆地酸化/富营养化	Terrestrial acidification/nutrification	$kg\ SO_2\text{-}Eq.$ to air
陆地生态毒性	Terrestrial ecotoxicity	kg TEG-Eq. to soil

(三)清单数据

制浆的监测数据(材料和能源投入、化学品投入、水消耗、废水产生、固体废弃物产生、发电产生的废气排放等)取自两个案例的年平均数据(A 案例的 2014 年平均数据和 B 案例的 2016 年平均数据)。秸秆的运输距离设定为 150 千米。通过假设小麦秸秆燃烧在黑液燃烧和焚烧炉燃烧中具有与室内燃烧相同的排放因子,根据小麦秸秆室内焚烧排放数据计算黑液回收和残渣焚烧炉的空气排放数据。有关废水处理的数据参考了麦草浆废水处理厂的相关数据。在案例 A 中,碱回收的能量回收数据来自文献资料,化学品生产、中国电力生产、水生产等背景数据来自 Eco-invent 数据库。一般来说,尽量使用研究对象本地的数据;若无研究对象本地的数据,则采用全球平均数据。案例具体的清单数据如表5-5所示。

表 5-5　案例 A 和案例 B 的清单数据

项目		案例 A	案例 B
物质输入	小麦秸秆/kg	2.65×10^3	2.48×10^3
	电/(kW·h)	—	591.29
	蒸汽/t	—	2.71
	煤/kg	786.61	—
	柴油/kg	6.4	6.4
	水/t	21.42	15.23
	石灰石/kg	4.36	—
	尿素/kg	0.36	—
	氢氧化钠/kg	200	15.06
	二氧化氯/kg	50	—
	过氧化氢/kg	40	23.1
	氯气/kg	—	30.18
	盐酸/kg	—	5.02
	亚硫酸铵/kg	—	483.46
	硫代硫酸钠/kg	15	—
	石灰石/kg	168	—
	磷/kg	0.79	—
	聚丙烯酰胺/kg	4.73	0.09
	聚合氯化铝/kg	3.6	15.99
气体排放	二氧化硫/kg	4.7	0.26
	氮氧化物/kg	2.9	0.37
	颗粒物/kg	0.51	0.08
	VOCs/kg	15.76	—
	氨/kg	0.62	—

项目		案例 A	案例 B
气体排放	一氧化碳/kg	229.53	—
	元素碳/kg	0.71	—
	有机碳/kg	5.82	—
	二氧化碳/kg	1.96×10^3	2.12×10^3
	二氧化碳(生物源)/kg	2.18×10^3	6.89
	甲烷/kg	13.96	—
	汞/kg	1.87×10^{-5}	—
水排放	废水量/t	21.75	25.77
	氨/kg	0.05	0.02
	COD/kg	1.37	2.14
	SS/kg	0.5	—
	可吸入卤化物(AOX)/kg	0.005	—
固体废弃物	粉煤灰/kg	158.81	85.45
	石膏/kg	10.59	—
	白泥/kg	300.1	—
	污泥/kg	65.77	79.96
替代其他物质	尿素/kg	—	429

(四)影响结果

1.总环境影响结果

案例 A 和案例 B 的全生命周期环境影响如表 5-6 所示。除了水体酸化、土地利用和呼吸影响外,案例 A 的全生命周期环境影响远大于案例 B 的全生命周期环境影响。

表 5-6　案例 A 和案例 B 的全生命周期环境影响

影响类别	单位	案例 A	案例 B
水体酸化	kg SO_2-Eq.	9.84	56.6
水体生态毒性	kg TEG-Eq.	$4.19×10^6$	$−6.35×10^5$
水体富营养化	kg PO_4-Eq.	1.24	0.661
致癌	kg C_2H_3Cl-Eq.	27.6	−16.8
全球变暖	kg CO_2-Eq.	$3.96×10^3$	$1.69×10^3$
电离辐射	Bq C-14-Eq.	$1.96×10^4$	$−5.18×10^3$
土地利用	m^2 * yr-Eq.	16.7	21.6
矿物开采	MJ surplus	$1.30×10^2$	$−2.63×10^2$
非致癌	kg C_2H_3Cl-Eq.	16.6	−18.8
非可再生能源	MJ	$1.58×10^4$	$4.97×10^3$
臭氧层破坏	kg CFC-11-Eq.	$2.11×10^{−4}$	$−1.10×10^{−4}$
光化学氧化	kg C_2H_4-Eq.	5.08	−0.248
呼吸影响	kg PM2.5-Eq.	2.42	28.8
陆地酸化/富营养化	kg SO_2-Eq.	40.9	33.6
陆地生态毒性	kg TEG-Eq.	$1.47×10^4$	$−9.53×10^3$

注:所有的数值都是基于功能单位,负值表明对环境有正向影响。

用全世界 2000 年人均产生的环境影响对以上结果进行标准化,结果显示,案例 A 的环境影响(5.86)远大于案例 B 的环境影响(2.86),具体各类别的环境影响标准化的结果如图 5-6 所示。案例 A 的环境影响高于案例 B 的主要原因是大量能源和化学品的投入。

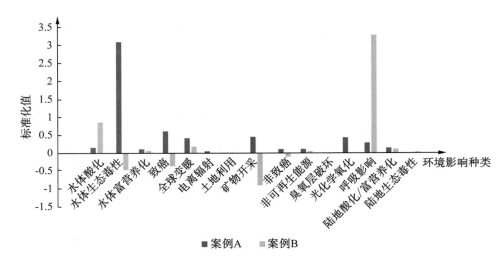

图 5-6 案例 A 和案例 B 标准化后的全生命周期环境影响

2.去除能源使用的全生命周期环境影响结果

将制浆过程中的能源使用去除后,两个案例的全生命周期环境影响如图 5-7 所示。同样,除了水体酸化、土地利用和呼吸影响外,案例 A 的全生命周期环境影响远大于案例 B 的全生命周期环境影响。标准化后的结果显示,案例 A 的全生命周期环境影响(4.16)远大于案例 B 的全生命周期环境影响(0.495),同时也表明热电对于总体的环境影响贡献非常大。

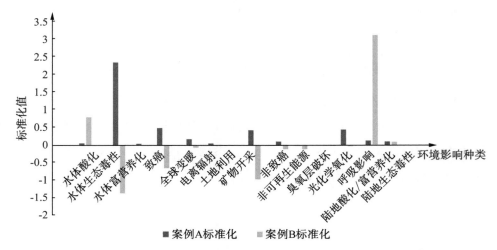

图 5-7 去除能源使用后案例 A 和案例 B 的标准化全生命周期环境影响

（五）小结

通过对两个案例进行 LCA 的分析研究,可见山东省新型亚铵法制浆的案例(案例 B)优于其他省份采用传统硫酸盐法制浆的案例(案例 A)。案例 B 中,最大正向环境影响的贡献因素在于生产有机肥对于尿素的代替,案例 A 负项的环境影响在很大程度上可归因于其高能耗和化学品的投入。

四、造纸行业计量经济分析

(一)环境规制影响企业经济表现的作用机制

一般来说,环境规制指的是政府相关部门设立管控条例或相关法规,对企业的污染物排放限值、生产技术、产品原料结构等进行强制性或非强制性管制。新古典微观经济学观点认为,在完全竞争的市场环境下,环境规制会内部化企业原本的外部性成本,要求企业分配生产要素的一部分(如劳动力、资本等)用于污染防治;对企业来说,这样的做法虽然有利于增加整体的社会福利,但偏离了基于利润最大化的生产策略,使得企业需要承担额外的生产成本,最终会使企业在自由市场上处于竞争劣势,进而导致其所在地区的比较优势也会被削弱。同时,对于企业的生产率而言,对非生产性因素的投入挤占了原有生产投入的空间,原有的最优生产组合被打乱,这必然会使企业的生产率和盈利能力被削弱。

一般认为,环境规制对企业的劳动力需求的影响传导机制有以下两点:

第一,从产出的角度出发,企业为了解决环境规制政策带来的生产成本增加问题,可能会做出提高产品价格、减少产出的生产决策,进而导致消费端需求的下降,以及包含劳动力在内的生产要素的投入下降(即产出效应)。

第二,若从边际技术替代率的角度出发,无论企业是选择末端治理,即引进排污技术、增加污染治理设备(可能会雇佣更多的生产工人安装及维修排污设备),还是企业选择使用清洁生产技术以达到减排目的(可能会雇佣更多的技术人员,减少操作人员的数量),都会导致"污染削减活动导致的就业需求"与"生产活动本身的就业需求"之间出现不确定的替代关系。也就是说,实施环境规制后,作为回应,相较于原先的生产过程来说,企业对于劳动力的需求可能增加也可能减少,使用新古典经济学的观点已无法预测此时哪种影响机制占主导地位,需要更多的实证分析对这一问题进行探讨。

国外有学者在 1981 年提出了"部分静态均衡模型"(PSEM);1985 年,又有人利用新古典微观经济学说的观点,在 PSEM 的基础上引入了"准固定投入要素"的概念。准固定投入要素是指被外生性因素(这里指政府施行的环境规制)所制约的投入要素,也就是说,其投入水平大小不单纯由企业成本最小化条件所决定,因此不受市场变化的影响。在此我们将企业因遵循政府环境规制而产生的成本(如污染削减投资和运营成本)作为"准固定投入要素",而其他的生产性要素(如劳动、资本等)被视为可变投入要素。

假设在一个完全自由竞争的市场环境下,一个出于成本最小化考虑的企业在受环境规制制约的条件下,其投入了 V 种类的可变投入要素以及 Q 水平的准固定投入要素,则可变成本 C_V 的函数方程如下:

$$C_V = f(Y, P_1, \cdots, P_v, \cdots, Z_1, \cdots, Z_Q) \tag{5-5}$$

上述方程中,Y 代表总产出,P_v 是可变投入要素的投入水平,Z_q 是准固定投入要素的投入水平。由谢泼德引理可知,对可变投入要素的需求 L 可以近似为关于产出、可变投入要素量以及准固定投入要素量的函数,其表达式如下:

$$L = \alpha + \rho_y Y + \sum_{q=1}^{Q} \beta_q Z_q + \sum_{v=1}^{V} \gamma_v P_v \tag{5-6}$$

由此可以推导出反映环境规制对可变投入要素需求 L 的直接影响函数如下:

$$\frac{\mathrm{d}L}{\mathrm{d}R} = \rho_y \frac{\mathrm{d}Y}{\mathrm{d}R} + \sum_{q=1}^{Q} \beta_q \frac{\mathrm{d}Z_q}{\mathrm{d}R} + \sum_{v=1}^{V} r_v \frac{\mathrm{d}P_v}{\mathrm{d}R} = \mu \tag{5-7}$$

按照传统观点,产出效应被认为是负的效应,而基于新古典经济学理论,却无法确定产出效应是正面的还是负面的。例如,如果企业通过增加可以减少边际成本的污染削减投资来应对环境规制,那么式(5-7)中 $\mathrm{d}Y/\mathrm{d}R$ 可以是正的。式(5-7)中第二项表示生产要素替代效应,即环境规制通过作用于准固定投入要素量 Z 以及污染防治活动和可变投入要素边际技术替代率来作用于可变投入要素需求,由于环境规制总是导致企业增加污染削减活动,因此 dZ/dR 一定为正。然而,其系数 β_q 的符号却没有办法直接判定,这取决于"出于污染防治而产生的可变投入要素需求"与"生产活动本身对于可变投入要素需求"之间是相互替代关系还是互补关系。这是无法判定环境规制对可变投入要素影响的主要原因,因此本章将使用更多的实证分析来检验它。式(5-7)的前提假设是在完全竞争的生产要素市场环境下,环境规制作用的对象是市场内属于某个特定行业的企业。假设市场足够大,那么更严格的环境规制不会对生产要素的市场价格产生影响,因此式(5-7)中的最后一项为 0。以下为简化后的函数形式:

$$L = \delta + \mu R \qquad (5-8)$$

本章后续的实证计量分析将建立在此函数形式的基础上,去探究 μ 的符号与统计值。

(二)政策效果评估的准实验设计策略

本章使用的企业层面数据来自中国环境统计数据库(CESD)和中国工业企业数据库(CIED),选取 CESD 的企业名称、法人代码、企业细分行业类型、COD 排放量、SO_2 排放量,以及 CIED 的总产出、总利润、总资产、员工数量等指标。

山东省造纸行业环境标准的加严始于 2003 年,因此笔者选取 2001～2007 年为样本期。由于企业的关闭、改制或重组,导致数据库每年收录的企业不尽相同。为了构建一个便于分析的平衡面板数据,笔者逐年对数据进行了匹配,以连续出现在样本期内的企业作为研究的观测对象。

在本部分中,笔者引入双重差分法(DID)对政策效果进行评估,DID 是基于自然实验的计量方法,要求引入适当的控制组,作为处理组的反事实(counter factual)参考。相比于传统的差分法,DID 模型能够有效解决政策作为解释变量所产生的内生性问题,即该模型可以剔除被解释变量与解释变量之间的相互影响效应,从而得到更准确的估计。

双重差分计量模型一般具有如下的 DID 回归方程形式:

$$Y_{it} = \beta_0 + \beta_1\, T_i \times P_t + \beta_2\, T_i + \beta_3\, P_t + \varepsilon_{it} \qquad (5\text{-}9)$$

在此 DID 回归方程中,引入了两个虚拟变量及其交叉项,其中 T 和 P 分别表示分组虚拟变量和时间虚拟变量。如果样本个体 i 属于处理组则 $T=1$,否则 $T=0$;如果时间点 t 位于政策实施后则 $P=1$,否则 $P=0$。如果实证分析中使用面板数据进行回归,那么此模型既能控制样本个体间不随时间变化且不可观测的异质性,又能控制样本研究期内随时间变化的不可观测的宏观因素影响。

将山东省实施的造纸行业新环境标准政策视为一次准自然实验,利用上述双重差分计量模型对此次政策进行严谨的政策效果评估。基于产量、原料结构、地理位置等因素综合考虑,选取河北省的造纸企业作为一个反事实对照组来进行分析。

首先检验环境规制对于水污染物的减排效果,选取 COD 作为废水中具有代表性的主要排放物进行检验。针对 COD(下面的研究中采用了对数形式)设定的 DID 基本估计方程如下:

$$\ln(\mathrm{COD})_{it} = \beta_0 + \beta_1\, S_i \times POST_t + \beta_2\, S_i + \beta_3 POST_t + \varepsilon_{it} \quad (5\text{-}10)$$

式(5-10)中,i 代表样本企业;t 代表年份;S 为表示分组的虚拟变量,对于控制组的样本企业来说 $S=0$,对于处理组的样本企业来说 $S=1$;$POST$ 为表示政策实施前后的虚拟变量,对于政策实施前的年份来说 $POST=0$,对于政策实施后的年份来说 $POST=1$;$S \times POST$ 为两虚拟变量的交互项,其系数 β_1 即所研究的核心估计参数——双重差分估计量,其表示政策实施对处理组的净处理效应,如果回归结果显示 β_1 显著为负,则表示环境规制显著地减少了 COD 排放量,进而能够表明此环境规制是有效的;ε_{it} 是随机误差项。

在此笔者使用面板数据来进行 DID 模型的计量检验。面板数据的特性使得此模型既可以控制随时间变化的宏观经济环境特性,又可以控制不随时间变化的不可观测的企业特性。因此,将企业固定效应(λ_i)和时间固定效应(ν_t)纳入基于双重差分计量模型的基本回归方程,可以得到:

$$\ln(\text{COD})_{it} = \beta_0 + \beta_1 S_i \times POST_t + \lambda_i + \nu_t + \varepsilon_{it} \tag{5-11}$$

为了使模型更加精确,笔者试图引入更多可能影响被解释变量的控制变量进入式(5-11)中。一般来说,企业成立的时间和企业规模等因素会对企业的经济绩效、环境绩效指标造成影响。然而,由于企业规模大多数时候由企业资产总额、销售总额、员工总数所决定,这就导致在进行经济绩效估计时控制变量与被解释变量重复或产生相互影响效应,因此仅在进行环境绩效估计时引入企业年龄、企业规模等控制变量。

为了进一步对 DID 检验结果进行稳健性分析,笔者选取处理组与对照组样本企业的 SO_2 排放量进行证伪检验。针对 SO_2 排放量(研究中采取了对数形式)的 DID 检验方程同样在基本方程形式的基础上纳入时间固定效应与企业固定效应,其最终形式如下:

$$\ln(\text{SO}_2)_{it} = \beta_0 + \beta_1 S_i \times POST_t + \lambda_i + \nu_t + \varepsilon_{it} \tag{5-12}$$

在对环境规制对减少水污染物排放量的有效性进行检验后,笔者进行了后续检验,即对经济表现变量的 DID 检验,检验的变量包括企业年平均从业人数(Employment)、企业总产出(Output)、企业总资产(Assets)以及企业总利润(Profit)等变量。针对经济变量的 DID 检验方程也同样在基本方程形式的基础上纳入了时间固定效应与企业固定效应,其最终的方程形式分别如下:

$$\ln(\text{Employment})_{it} = \beta_0 + \beta_1 S_i \times POST_t + \lambda_i + \nu_t + \varepsilon_{it} \tag{5-13}$$

$$\ln(\text{Output})_{it} = \beta_0 + \beta_1 S_i \times POST_t + \lambda_i + \nu_t + \varepsilon_{it} \tag{5-14}$$

$$\ln(\text{Assets})_{it} = \beta_0 + \beta_1 S_i \times POST_t + \lambda_i + \nu_t + \varepsilon_{it} \tag{5-15}$$

$$\ln(\text{Profit})_{it} = \beta_0 + \beta_1 S_i \times POST_t + \lambda_i + \nu_t + \varepsilon_{it} \tag{5-16}$$

如方程所呈现的,各个经济变量的表现形式均为自然对数形式。考虑到对于所研究的经济表现变量之一的企业总利润(Profit)来说,其值可以为负值,那么 DID 检验中取自然对数的处理方式就只关注了具有盈利能力的企业,而将盈利为负的企业直接剔除在外,这种做法必然会使最后的回归结果偏高。在此,笔者对企业总利润值做了标准化归一处理,为了形成对比,对其他经济表现变量也做了同样的处理。

(三)研究结果与讨论

1.描述性统计分析

表 5-7 给出了所有研究变量的定义说明。需要注意的是,笔者在研究中使用企业年平均从业人数来衡量环境规制对企业就业的影响。在实证分析中,所有研究变量均以自然对数的形式出现。$\ln(COD)$、$\ln(SO_2)$、$\ln(Employment)$、$\ln(Output)$、$\ln(Assets)$ 及 $\ln(Profit)$ 等变量的描述性统计如表 5-8 所示,控制组与处理组的各项指标并无显著差异。

表 5-7　研究变量的定义说明

研究指标	定义	单位
COD	企业化学需氧量(chemical oxygen demand)排放量	kg
SO_2	企业二氧化硫(sulfur dioxide)排放量	kg
Employment	企业年平均从业人数(average workers of the year)	人
Output	企业工业总产值(annual total output)	千元
Assets	企业总资产(annual total assets)	千元
Profit	企业总利润(annual total profit)	千元

表 5-8　研究变量的描述性统计

项目		2001～2007 年					
		CESD		CIED			
		$\ln(COD)$	$\ln(SO_2)$	$\ln(Employment)$	$\ln(Output)$	$\ln(Assets)$	$\ln(Profit)$
控制组	平均值	11.744	10.956	5.307	10.627	9.946	7.558
	标准差	2.187	1.402	0.879	1.041	1.243	1.730
	最小值	4.605	7.170	2.890	6.637	6.802	0
	最大值	15.445	14.509	8.134	14.142	14.089	12.794
	观测值	430	433	679	678	679	569

项目		2001～2007 年					
		CESD		CIED			
		$\ln(\text{COD})$	$\ln(\text{SO}_2)$	$\ln(\text{Employment})$	$\ln(\text{Output})$	$\ln(\text{Assets})$	$\ln(\text{Profit})$
处理组	平均值	11.520	11.469	5.615	11.096	10.63	7.791
	标准差	2.710	1.751	1.218	1.434	1.665	2.199
	最小值	4.836	7.378	1.792	7.229	6.7	0
	最大值	16.474	15.962	9.745	16.493	16.915	14.253
	观测值	415	417	1141	1141	1141	1000

2.平行趋势假设检验

绘制变量随时间变化的趋势图是判断本实验是否满足平行趋势假设的最直观的方式。通过对比处理组与控制组样本企业研究变量均值的时间变化趋势,来检验处理组与控制组样本企业的数据是否符合双重差分计量模型所严格要求的政策实施前的平行趋势假设。图 5-8 给出了研究变量均值的样本期变化趋势,从图中可以看出,基本上所有的研究变量在政策实施前都显示出了相似的变化趋势。从处理组所在区域和控制组所在区域的COD、SO$_2$、Employment 及 Profit 变化趋势可以看出,在山东省环境政策加严之前(即 2001～2002 年),CIED 中的规模以上企业数目变化在两组中的趋势大致相似,两区域的主要变量趋势相似,接近平行,因此满足双重差分计量模型潜在要求的平行趋势假设。

另外,还有学者曾考虑实施的政策本身会给处理组与控制组的样本个体带来个体异质性影响,即产生了内生性。在本研究中,可能出现的误差是处理组的样本企业在受到政策冲击后从处理组地区迁出,迁入控制组或其他地区,这样会使总体估计失效。但是从图 5-8 可以看出,处理组样本企业的总数量在经受政策冲击后不仅没有减少,反而呈上升趋势,而控制组样本企业的总数量在政策实施前后基本保持不变,由此可以推断迁出行为在处理组地区并不明显,对实验结果影响不大。2001～2007 年规模以上企业相关指标的变化趋势如图 5-9 所示。

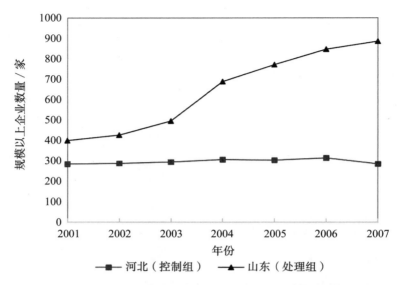

图 5-8 2001～2007 年河北与山东规模以上企业数量的变化趋势

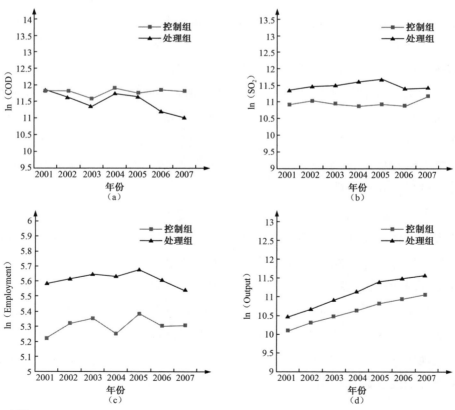

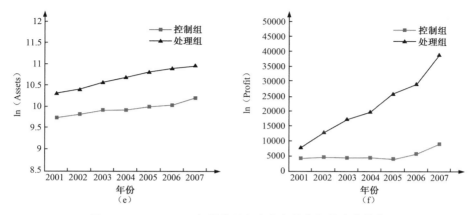

图 5-9　2001～2007 年规模以上企业相关指标的变化趋势

3.环境变量的 DID 回归结果

表 5-9 给出了 COD 排放量的 DID 回归结果:第一列是用基本方程 5-9
进行 OLS 混合回归的结果;第二列在第一列的基础上加入了时间固定效
应;第三列在前两列的基础上又加入了行业固定效应,用来固定不随时间变
化的行业特性,此处为造纸行业不可观测的特征;第四列为本研究的主要回
归结果,第四列对应于方程 5-10 引入了双向固定效应的回归结果;第五列是
将时间固定效应替换为二次时间趋势的回归结果,这样做是为了得到
$POST$ 的系数值,即观察政策实施前后控制组河北省造纸企业的变化趋势。
计量经济学里,R^2 反映了模型的拟合程度。S 和 $POST$ 的系数回归结果表
明,对于控制组河北省造纸企业来说,COD 排放量并没有出现显著的改变;
在政策未实施时,处理组山东省造纸企业与控制组河北省造纸企业的 COD
排放量也没有显著的不同。模型四的结果显示,加严后的环境规制使处理
组山东省造纸企业 COD 排放量在 5% 的统计显著性上下降了 45.2%。

表 5-9　COD 排放量的回归结果

	ln(COD)				
	模型一	模型二	模型三	模型四	模型五
$S \times POST$	−0.518	−0.516	−0.491	−0.452**	−0.451**
	(0.374)	(0.375)	(0.366)	(0.174)	(0.175)

续表

	ln(COD)				
	模型一	模型二	模型三	模型四	模型五
POST	0.010				0.181
	(0.966)				(0.148)
S	0.205	0.204	0.255		
	(0.316)	(0.317)	(0.311)		
常数（Constant）	11.737***	11.838***	12.323***	9.844***	9.712***
	(0.187)	(0.241)	(0.349)	(0.971)	(1.003)
二次时间趋势 （Quadratic Time Trend）	NO	NO	NO	NO	YES
时间固定效应 （Time Fixed Effects）	NO	YES	YES	YES	NO
公司固定效应 （Firm Fixed Effects）	NO	NO	NO	YES	YES
行业固定效应 （Industry Fixed Effects）	NO	NO	YES	NO	NO
观测值（Observations）	845	845	845	845	845
R^2	0.006	0.009	0.074	0.850	0.848

注：括号内是企业层面的聚类稳健标准误；***、**和*分别表示统计显著性为1%、5%和10%（下同）；结果均保留小数点后三位有效数字。

表5-10给出了检验中SO_2排放量的DID回归结果。根据POST的系数结果可以看出，对于控制组河北省造纸企业来说，政策实施前后SO_2排放量并没有显著变化。根据S的系数结果可以看出，在政策实施前处理组山东省造纸企业的平均SO_2排放量就已经在5%的统计显著性上大于控制组河北省造纸企业的SO_2排放量，这也与本研究平行趋势检验部分的SO_2变化趋势一致。但本研究的主要回归模型显示，政策实施后处理组山东省造纸企业的平均SO_2排放量并没有发生显著变化。

表 5-10　SO₂ 排放量的回归结果

	$\ln(SO_2)$				
	模型一	模型二	模型三	模型四	模型五
$S \times POST$	0.134	0.135	0.151	0.0950	0.0942
	(0.232)	(0.233)	(0.231)	(0.125)	(0.125)
$POST$	−0.0143				−0.0183
	(0.149)				(0.101)
S	0.417**	0.416**	0.439**		
	(0.192)	(0.192)	(0.190)		
Constant	10.967***	10.907***	10.873***	10.228***	10.291***
	(0.124)	(0.162)	(0.259)	(0.556)	(0.565)
Quadratic Time Trend	NO	NO	NO	NO	YES
Time Fixed Effects	NO	YES	YES	YES	NO
Firm Fixed Effects	NO	NO	NO	YES	YES
Industry Fixed Effects	NO	NO	YES	NO	NO
Observations	850	850	850	850	850
R^2	0.026	0.027	0.054	0.801	0.799

4.经济变量的 DID 回归结果

表 5-11 给出了对应于方程 5-13 的企业年平均从业人数的回归结果。根据 $POST$ 的系数结果可以看出,对于控制组河北省造纸企业来说,政策实施前后企业年平均从业人数并没有显著变化;相应地,回归结果第一列为最基础的 OLS 混合回归结果,第二列与第三列分别加入了时间固定效应与行业固定效应。根据 S 的系数结果可以看出,在政策实施前,处理组山东省造纸企业的企业年平均从业人数就已经在 1% 的统计显著性上大于控制组河北省造纸企业的企业年平均从业人数,这也与本研究平行趋势检验部分的企业年平均从业人数变化趋势一致。主要回归模型中 $S \times POST$ 的系数结果显示,政策实施后处理组山东省造纸企业的企业年平均从业人数有了并不显著的微小下降趋势(2.96%)。

表 5-11　企业年平均从业人数的回归结果

	ln(Employment)				
	模型一	模型二	模型三	模型四	模型五
$S \times POST$	−0.0296	−0.0296	−0.045	−0.0296	−0.0296
	(0.109)	(0.109)	(0.101)	(0.0412)	(0.0414)
POST	0.0495				0.0899**
	(0.0757)				(0.0357)
S	0.329***	0.329***	0.323***		
	(0.0923)	(0.0924)	(0.0854)		
Constant	5.272***	5.244***	4.847***	5.392***	5.423***
	(0.065)	(0.081)	(0.221)	(0.141)	(0.140)
Quadratic Time Trend	NO	NO	NO	NO	YES
Time Fixed Effects	NO	YES	YES	YES	NO
Firm Fixed Effects	NO	NO	NO	YES	YES
Industry Fixed Effects	NO	NO	YES	NO	NO
Observations	1820	1820	1820	1820	1820
R^2	0.018	0.019	0.174	0.911	0.911

　　表 5-12 给出了对应于方程 5-15 企业总资产的回归结果。根据 $POST$ 的系数结果可以看出,对于控制组河北省造纸企业来说,政策实施后较政策实施前造纸企业的总资产在 5% 的统计显著性上增加了 23.7%。根据 S 的系数结果可以看出,在政策实施前,处理组山东省造纸企业的企业总资产就已经在 1% 的统计显著性上远远大于控制组河北省造纸企业的企业总资产,这也与本研究平行趋势检验部分的企业总资产变化趋势一致。本研究主要回归模型中 $S \times POST$ 的系数结果显示,政策实施后处理组山东省造纸企业的企业总资产显著增加了 19.4%。

表 5-12　企业总资产的回归结果

	ln(Assets)				
	模型一	模型二	模型三	模型四	模型五
$S \times POST$	0.194	0.194	0.179	0.194***	0.194***
	(0.148)	(0.148)	(0.142)	(0.0482)	(0.0483)
$POST$	0.237**				0.465***
	(0.104)				(0.0544)
S	0.581***	0.580***	0.580***		
	(0.123)	(0.123)	(0.119)		
Constant	9.776***	9.733***	9.045***	9.633***	9.654***
	(0.087)	(0.109)	(0.152)	(0.070)	(0.0634)
Quadratic Time Trend	NO	NO	NO	NO	YES
Time Fixed Effects	NO	YES	YES	YES	NO
Firm Fixed Effects	NO	NO	NO	YES	YES
Industry Fixed Effects	NO	NO	YES	NO	NO
Observations	1820	1820	1820	1820	1820
R^2	0.062	0.068	0.149	0.933	0.932

　　表 5-13 给出了对应于方程 5-14 企业总产出的回归结果。根据 $POST$ 的系数结果可以看出,对于控制组河北省造纸企业来说,政策实施后较政策实施前造纸企业的总资产在 1% 的统计显著性上增加了 58.2%。根据 S 的系数结果可以看出,在政策实施前,处理组山东省造纸企业的企业总资产就已经在 1% 的统计显著性上大于控制组河北省造纸企业的企业总资产 36.7%,这也与本研究平行趋势检验部分的企业总资产变化趋势一致。本研究主要回归模型中 $S \times POST$ 的系数结果显示,政策实施后处理组山东省造纸企业的企业总资产显著增加了 14.2%。

表 5-13　企业总产出的回归结果

	ln(Output)				
	模型一	模型二	模型三	模型四	模型五
$S \times POST$	0.142	0.142	0.129	0.142**	0.142**
	(0.120)	(0.119)	(0.115)	(0.0572)	(0.0578)
$POST$	0.582***				0.202***
	(0.0841)				(0.0492)
S	0.367***	0.367***	0.358***		
	(0.0988)	(0.098)	(0.094)		
Constant	10.211***	10.107***	10.041***	11.222***	11.288***
	(0.070)	(0.086)	(0.167)	(0.151)	(0.154)
Quadratic Time Trend	NO	NO	NO	NO	YES
Time Fixed Effects	NO	YES	YES	YES	NO
Firm Fixed Effects	NO	NO	NO	YES	YES
Industry Fixed Effects	NO	NO	YES	NO	NO
Observations	1819	1819	1819	1819	1819
R^2	0.083	0.106	0.172	0.883	0.880

　　表 5-14 给出了对应于方程 5-16 企业总利润的回归结果。根据 $POST$ 的系数结果可以看出,对于控制组河北省造纸企业来说,政策实施后较政策实施前造纸企业的总利润在 1% 的统计显著性上增加了 50.2%。根据 S 的系数结果可以看出,在政策实施前,处理组山东省造纸企业的企业总利润与控制组河北省造纸企业的企业总利润无显著差异,这也与本研究平行趋势检验部分的企业总利润变化趋势一致。本研究的主要回归模型中 $S \times POST$ 的系数结果显示,政策实施后处理组山东省造纸企业的企业总利润显著增加了 37.4%。

表 5-14　企业总利润的回归结果

	ln(Profit)				
	模型一	模型二	模型三	模型四	模型五
$S \times POST$	0.410*	0.413*	0.393*	0.374***	0.377***
	(0.216)	(0.215)	(0.214)	(0.116)	(0.117)
POST	0.502***				−0.0103
	(0.159)				(0.117)
S	−0.0581	−0.0569	−0.0751		
	(0.180)	(0.180)	(0.179)		
Constant	7.196***	7.114***	7.134***	7.885***	7.948***
	(0.134)	(0.168)	(0.305)	(0.116)	(0.107)
Quadratic Time Trend	NO	NO	NO	NO	YES
Time Fixed Effects	NO	YES	YES	YES	NO
Firm Fixed Effects	NO	NO	NO	YES	YES
Industry Fixed Effects	NO	NO	YES	NO	NO
Observations	1569	1569	1569	1569	1569
R^2	0.033	0.048	0.061	0.811	0.809

5.结果讨论

山东省于 2003 年实施的造纸行业排放标准加严这一案例被证实产生了良好的政策效果,并且对随后国家标准的制定产生了积极影响。本研究选择山东省造纸企业和河北省造纸企业作为处理组和控制组,COD 估算结果以及对 SO_2 的证伪实验表明,由于实施了更严格的废水标准,造纸行业COD 排放量成功减少,证明了改善水质政策的最初目标已经实现。加严后环境规制对企业总产出、企业总资产和企业总利润产生了显著的积极影响(分别增长了约 14.2%、19.4% 和 37.4%)。总体结果表明,更加严格的监管可以在不影响就业的前提下改善企业的财务和生产状况;更加严格的环境法规可以促进劳动力就业或对就业产生不利影响,这取决于劳动与污染治理活动的相关关系。这些积极的结果表明，与波特假说相一致的环境规制（即更严格的环境规制）并不必然损害企业在自由市场上的竞争优势；相反，规制可以通过创新和升级来增强企业的竞争优势。

山东省此次在造纸行业环境规制加严中取得的成功，与其设计良好的环境标准的制定不无关系。由环境目标与行业发展目标倒逼的此次环境标准加严在许多方面都产生了良好的效果，如企业规模的扩大和集中使山东省造纸行业更具竞争优势。以山东省的机制纸及纸板制造企业为例，2009年山东省规模以上机制纸及纸板制造企业共计220家，其中规模较大的10家企业的工业总产值为363.57亿元，占山东省内机制纸及纸板制造行业总产值的61%。更严的标准实施后，一些制浆造纸企业由于规模较小、地域分散等原因造成的监管困难问题也趁此机会得到了解决。此外，造纸产业内部结构也发生了较大变化，资源的综合利用与技术共享水平进一步得到提高。

实施分阶段加严、可预见的环境标准，以数字化法规的形式宣布落后生产力的淘汰进程，也为企业科技创新提供了强大的动力。据统计，山东省造纸企业的研发人员已经从1991年的2.7万人增加到2013年的17.9万人，专利申请数也从1991年的3348项增加到2014年的16789项。由于积极探索治污技术，鼓励绿色先进技术，使山东省造纸行业的整体水平远远领先于国内造纸行业的平均水平。与1996～2002年以行政手段关停企业带来的经济影响和社会影响相比，山东省新地方标准实施以来，造纸企业根据标准的实施进程和自身实力，通过转产或技术进步实现了平稳过渡，以较低的治理成本达到了标准的要求，不能达标的企业逐步自动退出市场，造纸行业由此取得了污染削减与产业结构优化升级等多方面的提升。从全国和山东省造纸行业 COD 排放强度(此处用造纸行业万元产值 COD 排放量来衡量)的变化来看，自 2002 年起，造纸行业的 COD 排放强度持续降低，并且山东省的排放强度一直低于全国。

山东省分阶段逐渐降低行业排放限值的环境政策设计起到了良好的规制效果，并为国家造纸行业废水排放标准的制定提供了有效的借鉴。2008年，国家委托山东省政府制定造纸标准，与先前的标准(GB 3544—2001)相比，新制定的《制浆造纸工业水污染物排放标准》对于每吨产品排水量和污染物排放浓度均有更严格的规定。实证分析的正面结果表明,环境规制在一定程度上提升了企业的生产表现,这也符合波特假说的观点,即加严的环境规制不一定会损害企业在市场上的竞争优势;相反,其能够通过激励企业创新与技术升级而提升企业的竞争优势。2011 年,国家出台的《造纸工业发展"十二五"规划》明确要求淘汰产业落后产能与工艺设备,对经限期后仍不达标的企业或生产线进行依法整顿或关停。

2015 年,国家出台了《水污染防治行动计划》(简称"水十条"),其中"狠抓工业污染防治"部分提到了对于重点污染行业的整治。造纸行业作为主要整治对象之一,被要求制定行业专项治理方案,实施清洁化改造。与此同时,生产技术落后、环境保护设施差的小型工业企业也被要求排查甚至取缔。2017 年,生态环境部颁发了《造纸工业污染防治技术政策》,对造纸工业生产过程的污染防控、末端污染的治理方式等提出了指导性意见,并结合先进生产力推荐了低能耗、低污染的新工艺和新技术。例如,在信息化时代,电子刊物与无纸化办公对印刷纸张的市场需求造成了冲击,中国的造纸工业也进入转型升级的阶段,这就要求企业以优化升级产业结构为核心,着眼于发展的质量,使造纸工业从规模小、技术落后、污染严重的局面,逐步向原料和产品结构趋于合理、企业实现规模化和生产实现现代化的方向发展。这一结论是在我国造纸工业发展的大背景下得出的。不过也应该注意,本研究的结果来自造纸行业产业层面的研究,很难将其推广到所有其他地区与主体场景中去。但是,本研究提供了可供后续研究借鉴的方向。

第二节　山东省流域水污染物排放标准实施绩效评估
——南水北调流域

涉及山东省的南水北调流域指的是南水北调东线黄河以南段,是山东省"两湖一河"(南四湖、东平湖以及沂沭河)流域,包括枣庄、济宁、泰安、莱芜、临沂、菏泽六市(区),流域面积约占山东省总面积的 36%。一直以来,实现输水干线"清水廊道"的目标是南水北调东线工程成功的关键。作为南水北调东线工程的重要组成部分,针对南水北调流域山东段的《山东省南水北调沿线水污染物综合排放标准》(DB 37/599—2006,简称"新标准")是山东省最早颁布的流域标准,也是迄今为止最严格的流域标准。该标准根据南水北调工程对水质的要求,将山东省南水北调沿线汇水区域划分为核心保护区域、重点保护区域和一般保护区域三类,不同保护级别的区域根据其实际情况,采取相应的排污措施。

自 2006 年新标准实施以来,在山东省南水北调流域 GDP 以两位数速度增长的背景下,流域水环境质量快速持续改善,COD 和氨氮平均浓度至2016 年分别降至 5.05 mg/L 和 0.38 mg/L。2016 年,山东省南水北调东线黄河以南段 22 个国家考核断面中,除 1 个断流外,其余 21 个断面的水质均达到或优于Ⅲ类,年度水质目标达标率为 100.0%。优良水体比例同比持平,无劣Ⅴ类水体。与此同时,流域经济发展方式得到优化,资源耗用强度和污染物排放强度大幅降低,实现了经济与环境共赢发展。

本节针对《山东省南水北调沿线水污染物综合排放标准》,参考《山东统计年鉴》及《山东省环境年鉴》等相关统计资料,获取了沿线六市(区)的 COD 和氨氮排放量及总排放量,通过研究分析新标准实施前后主要污染物(COD 和氨氮)的实际减排效果和经济发展(经济发展量和行业结构)演变特征,确定了新标准对沿线城市污染物排放量和经济发展的影响,进行了基于生态效率的环境绩效评估。

一、流域经济发展方式初步转变

新标准实施以来,山东省南水北调流域工业用水产出率大幅度提高,高污染行业污染物排放强度大大降低,流域经济发展方式初步转变。部分高污染行业(如煤炭开采和洗选业、造纸业等)完成了生产技术革新,高污染瓶颈问题得到突破,经济总量稳步增长,形成了减排与发展兼顾的良好局面。

2005~2016 年,山东省南水北调流域 GDP 以 11.1% 的年均速度增长。2010 年,山东省南水北调流域 GDP 总量达到 10130 亿元,按可比价格计算,为 2005 年 GDP 的 1.88 倍。2016 年,山东省南水北调流域 GDP 总量达到

14141 亿元,按可比价格计算,为 2005 年 GDP 的 3.11 倍。

2005～2016 年,山东省南水北调流域工业增加值年均增长率为 10.7%。2010 年,山东省南水北调流域工业增加值达到 4802 亿元,按照可比价格计算,为 2005 年流域工业增加值的 1.81 倍。2016 年,山东省南水北调流域工业增加值进一步增加到 6857 亿元,按可比价格计算,为 2005 年流域工业增加值的 2.55 倍。

2005～2016 年,山东省南水北调流域工业总产值年均增长率为 17.8%。2010 年,山东省南水北调流域工业总产值达到 18778 亿元,按照可比价格计算,为 2005 年流域工业总产值的 2.69 倍。2016 年,山东省南水北调流域工业总产值进一步增加到 35232 亿元,按可比价格计算,为 2005 年流域工业总产值的 4.97 倍(见图 5-10)。

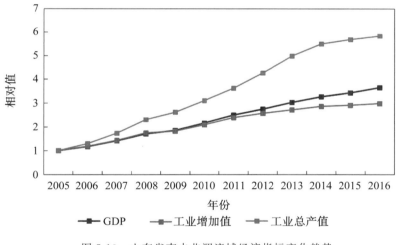

图 5-10　山东省南水北调流域经济指标变化趋势

二、水环境和水生态全面改善

(一)流域用水产出率评估

2005 年以来,在山东省南水北调流域工业总产值以两位数速度增长的背景下,工业新鲜水取水量基本保持稳定,工业废水排放量的上升趋势也已经平缓并基本保持稳定；2013 年，流域万元工业增加值取水量为 10.86 立方米，比 2005 年减少了 60.5％（见图 5-11）。

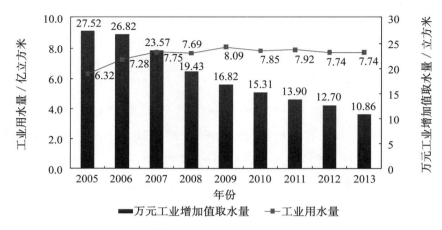

图 5-11　山东省南水北调流域历年用水效率统计情况

（二）流域污染物减排成效显著

1.减排量计算方法

（1）流域工业 COD 减排量。新标准实施后，山东省南水北调流域内所有工业行业均执行统一的污染物排放标准。计算时，借鉴《"十二五"主要污染物总量减排核算细则》的思路，除去 7 个低 COD 排放行业的影响，将流域内其他行业作为整体，采用宏观核算法计算。

7 个低 COD 排放行业包括通信设备、计算机及其他电子设备制造业，交通运输设备制造业，电气机械及器材制造业，电力热力的生产和供应业，通用设备制造业，非金属矿物制品业，专用设备制造业。

其他行业 COD 减排量的计算公式如下：

$$R_{其他}＝E_{其他,上年}＋E_{其他,新增}－E_{其他,当年} \tag{5-17}$$

式中，$R_{其他}$ 表示其他行业 COD 减排量，即流域工业 COD 减排量，指研究年份比上年同期的 COD 新增削减量，单位为万吨；$E_{其他,上年}$ 表示研究年上一年同期其他工业行业 COD 排放量，单位为万吨；$E_{其他,新增}$ 表示核算期其他工业行业 COD 新增排放量，单位为万吨；$E_{其他,当年}$ 表示研究年其他工业行业

COD 排放量,单位为万吨。

(2)其他行业 COD 新增排放量。其他行业 COD 新增排放量采用排放强度法计算,公式如下:

$$E_{其他,新增} = (V_{其他,当年} - V_{其他,上年}) \times W_{其他,上年} \tag{5-18}$$

式中,$V_{其他,当年}$ 表示研究年份其他行业的工业增加值,单位为万元;$V_{其他,上年}$ 表示研究年上一年其他行业的工业增加值,单位为万元;$W_{其他,上年}$ 表示研究年上一年其他行业万元工业增加值的 COD 排放量,单位为吨/万元。

(3)实施南水北调排放标准的 COD 减排量。实施南水北调排放标准的 COD 减排量计算公式如下:

$$R_{其他S} = V_{其他} \times Q \times (c_{其他,上年} - c_{其他,当年}) \tag{5-19}$$

式中,$R_{其他S}$ 表示研究年实施南水北调排放标准带来其他行业的 COD 减排量,单位为万吨;$V_{其他}$ 表示其他行业的工业增加值,单位为万元;Q 表示研究年上一年其他行业万元工业增加值的废水排放量,单位为吨/万元;$c_{其他,上年}$ 表示研究年上一年其他行业执行的 COD 排放浓度,单位为 mg/L;$c_{其他,当年}$ 表示研究年其他行业执行的 COD 排放浓度,单位为 mg/L。

2.山东省南水北调流域 COD 减排量

自 2006 年 3 月 1 日新标准实施后,重点保护区域和一般保护区域分别执行 60 mg/L 和 100 mg/L 的 COD 排放浓度限值。为简化计算,笔者假设该标准自 2006 年 1 月 1 日起实施,流域统一执行 100 mg/L 的 COD 排放浓度限值。根据《关于批准发布〈山东省南水北调沿线水污染物综合排放标准〉等 4 项标准修改单的通知》,自 2013 年 1 月 1 日起,山东省执行重点保护区域 50 mg/L 和一般保护区域 60 mg/L 的 COD 排放浓度。为简化计算,笔者假设自 2013 年起山东省统一执行 60 mg/L 的 COD 排放浓度限值。

如表 5-15 所示,2006~2010 年,山东省南水北调流域共削减工业 COD 排放量 7.81 万吨,其中实施新标准削减 COD 排放量 3.20 万吨,占总量的 41%。2006~2013 年,山东省南水北调流域共削减工业 COD 排放量 9.38 万吨,其中实施新标准削减 COD 排放量 3.43 万吨,占总量的 37%。

表 5-15　新标准对工业 COD 的削减情况

	工业 COD 排放量/万吨	工业 COD 排放削减量/万吨	新标准带来的工业 COD 削减/万吨	新标准对削减工业 COD 的贡献率
2006～2010 年	23.22	7.81	3.20	41%
2006～2013 年	30.93	9.38	3.43	37%

(三)流域水环境质量实现重要转折

《山东省南水北调沿线水污染物综合排放标准》实施得最早、最严格,流域治理成效也最显著。自 2005 年起,山东省南水北调流域在 GDP 总量年均增长 12.6%的前提下,COD 和氨氮平均浓度下降幅度为 8.2%和 25.4%。2010 年,山东省南水北调流域 COD 和氨氮平均浓度分别降至 23.8 mg/L 和 0.7 mg/L,氨氮浓度已经达到地表水Ⅲ类水质要求,COD 浓度接近Ⅲ类水质要求。与 2002 年相比,COD 平均浓度下降了 16.6 mg/L,氨氮平均浓度下降了 3.9 mg/L,降幅分别达 41.1%和 84.8%。2013 年,山东省南水北调流域 COD 和氨氮平均浓度进一步降至 20.3 mg/L 和 0.44 mg/L,降幅分别达 49.75%和 90.43%(由于 2014 年更改为高锰酸钾指数,故 2013～2016 年的数据由高锰酸钾指数推测得来)。2002～2016 年山东省南水北调流域污染物平均浓度变化趋势如图 5-12 所示。

《山东省南水北调沿线水污染物综合排放标准》实施以来,流域水环境质量得到全面提升,输水干线水质显著改善。2006 年,山东省南水北调沿线 95.8%的监测断面达不到Ⅲ类水质要求;2010 年,山东省南水北调沿线的监测断面中,除 1 个断面断流外,水质优于Ⅲ类标准的占 42.8%,符合Ⅳ类标准的占 52.4%,符合Ⅴ类标准的占 4.8%;2012 年,水质优于Ⅲ类标准的占 76.2%,符合Ⅳ类标准的占 23.8%,南水北调干线监测点水质均达到或优于Ⅲ类标准。2013 年,除 1 个断面断流外,山东省南水北调东线 22 个国家考核断面水质全部优于Ⅲ类标准;山东省南水北调东线一期工程顺利通水,经严密跟踪监测,水质稳定达到地表水Ⅲ类水质标准。2016 年,年度水质目标达标率为 100.0%,优良水体比例同比持平,无劣Ⅴ类水体。

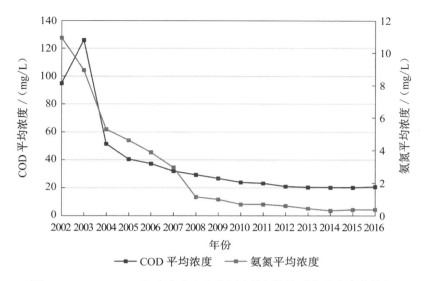

图 5-12　2002～2016 年山东省南水北调流域污染物平均浓度变化趋势

以南四湖为例,南四湖是山东省南水北调东线工程输水干线的重要调蓄湖泊,曾经是水污染最为严重的区域之一。为全面了解流域标准实施前后南四湖湖区水质空间变化情况,山东省环境保护厅按照 10 平方千米一个监测点的网格布点原则,共布设了 108 个监测点位,分别于 2006 年、2010 年和 2013 年开展了空间监测。

监测数据显示,2010 年南四湖湖区水质监测值普遍低于 2006 年的监测值,湖区 COD 和氨氮总体平均值的下降幅度分别为 40.1% 和 55.6%;湖区富营养化程度由 2006～2007 年的中度富营养化减弱为 2010 年的轻度富营养化,总磷(TP)和总氮(TN)平均值分别下降了 28.4% 和 55.2%,叶绿素 a 平均值下降了 15.7%。2006 年湖区 COD 总体以地表水Ⅴ类和劣Ⅴ类为主,2010 年改善至以Ⅲ类为主,少数地区是Ⅳ类;2006 年氨氮的 2 个劣Ⅴ类重污染分布区,2010 年已完全消除,湖区各监测点氨氮浓度全部达到地表水Ⅲ类标准。2013 年南四湖湖区水质比 2010 年大幅度改善。从水质综合污染指数评价情况看,2013 年南四湖湖区监测点达标和基本达标的点位比例为 77.8%,明显高于 2010 年的 28.7%。

三、流域生态环境绩效评估

(一)用水产出率评估

2006 年以来,在山东省南水北调流域工业总产值以两位数速度增长的背景下,工业新鲜水取水量基本保持稳定,工业用水产出率显著提高。2016 年,山东省南水北调流域沿线工业用水产出率为 1446.3 元/立方米,是 2005 年的 2.3 倍(见图 5-13)。

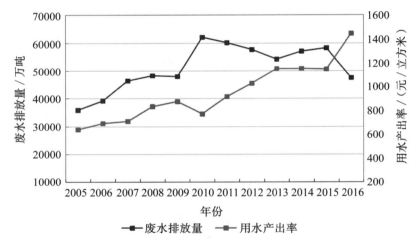

图 5-13 山东省南水北调流域工业用水产出率变化趋势

在流域沿线六市(区)中,不同市(区)的用水产出率呈现不同幅度的增长,如图 5-14 所示。枣庄市、菏泽市的用水产出率增幅最大,而其他市(区)的用水产出率增长平缓。以枣庄市为例,新标准颁布后的 5 年,枣庄市对 150 余家企业实施了污水深度治理工程,70 余家企业配套了再生水利用工程,建设了 12 个人工湿地水质净化工程。枣庄市的水污染防治工作跨越了仅靠工业点源治理的阶段,走向了流域、区域综合治理的阶段,走向了水资源节约和循环利用的阶段,也走向了水环境质量全面改善、全面稳定达标的阶段。

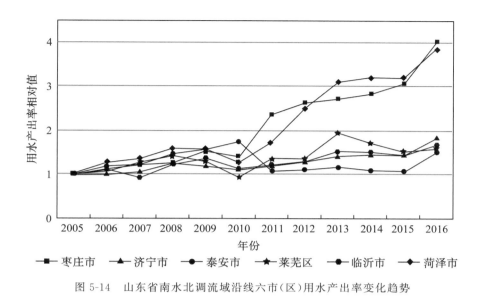

图 5-14　山东省南水北调流域沿线六市(区)用水产出率变化趋势

（二）COD 排放产出率评估

标准实施以来，COD 排放产出率呈现显著变化（见图 5-15）。新标准实施后的 3 年间，污染物排放量下降趋势明显，2008～2010 年污染物排放量又出现了回升，排放产出率也进入了平台期。由于 2010 年取消了行业限制，山东省所有流域均执行重点保护区域 COD 50 mg/L、氨氮 5 mg/L，一般保护区域 COD 60 mg/L、氨氮10 mg/L 的标准，污染物排放量恢复了下降趋势，排放产出率增长速度明显高于新标准修订前，证明新标准的修订获得了优异的减排效果。

从减排成果来看，2016 年流域 COD 排放量为 23223 吨，较 2005 年下降了 66.6％；2016 年流域 COD 排放产出率为 2952.6 万元/吨，是 2005 年的 8.9 倍。沿线各市（区）的 COD 排放产出率均呈现显著提升的趋势，其中枣庄市、菏泽市增幅较大，菏泽市较 2005 年增加了约 19 倍；而泰安市、临沂市增幅较小，临沂市较 2005 年增加了约 4 倍（见图 5-16）。

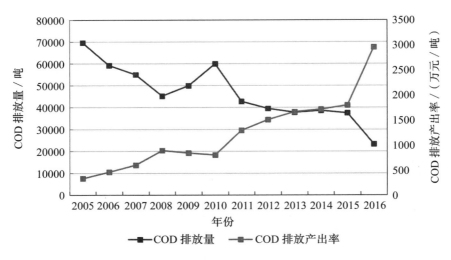

图 5-15 山东省南水北调流域 COD 排放产出率变化趋势

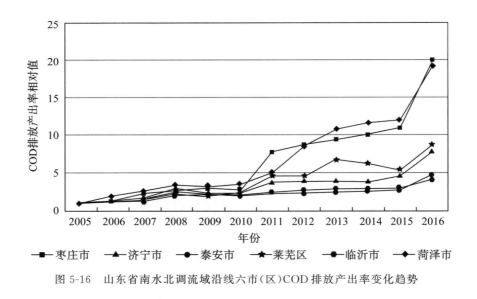

图 5-16 山东省南水北调流域沿线六市（区）COD 排放产出率变化趋势

（三）氨氮排放产出率评估

2016 年，山东省南水北调流域氨氮排放量为 1424 吨，较 2005 年下降了
83.7%。氨氮排放产出率呈现持续增长趋势，2016 年山东省南水北调流域
氨氮排放产出率为 48152.2 万元/吨，是 2005 年的 18.3 倍（见图 5-17）。

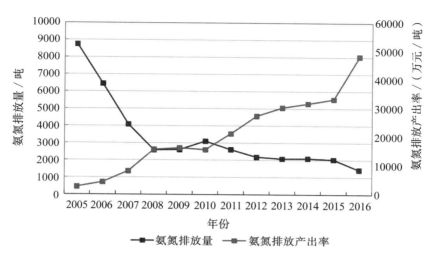

图 5-17　山东省南水北调流域氨氮排放产出率变化趋势

　　沿线各市(区)的氨氮排放产出率总体趋势均为波动中上升状态,其中济宁市、菏泽市增幅较大,济宁市较 2005 年增加了约 39 倍;而泰安市、临沂市增幅较小,临沂市较 2005 年增加了约 6 倍(见图 5-18)。

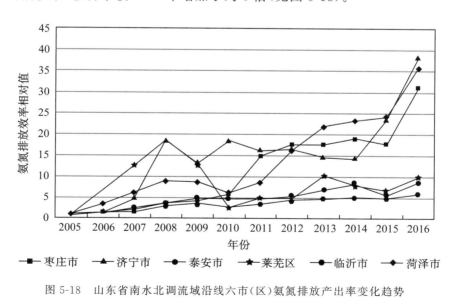

图 5-18　山东省南水北调流域沿线六市(区)氨氮排放产出率变化趋势

（四）流域生态效率的脱钩/复钩评价

笔者根据前文所述的脱钩分析模型，对山东省南水北调流域生态效率进行了评价（见表 5-16），结果显示，研究期内流域生态效率整体上处于脱钩状态：废水指标处于弱脱钩状态，COD 与氨氮指标处于强脱钩状态，就分析指标来说，流域沿线已基本上摆脱了依靠增加环境压力来支撑经济发展的恶性循环。

表 5-16　山东省南水北调流域生态效率的脱钩/复钩评价结果

类别	I_0	ΔI	$EcoE_0$	$\Delta EcoE_0$	评估结果
废水	358750000	115350000	640.13	806.16	弱脱钩
COD	69543	−46320	3302230.27	26224015.26	强脱钩
氨氮	8740	−7316	26275400.47	455247071.45	强脱钩

为确保通水质量，南水北调东线工程于 2003 年左右开始了一系列治污工程。济宁市抓住了这一契机，实施了环境治理。南水北调东线输水干线在济宁市境内长达 198 千米，占山东境内干线总长的一半。笔者在此也以济宁市为例进行了脱钩/复钩评价分析。由表 5-17 可以看出，济宁市与山东省南水北调流域沿线总体呈相同的结果，表明在研究时期内，济宁市的发展趋势也逐渐好转。

表 5-17　济宁生态效率的脱钩/复钩评价结果

类别	I_0	ΔI	$EcoE_0$	$\Delta EcoE_0$	评估结果
废水	91850000	41590000	696.9624388	585.7189162	弱脱钩
COD	15210	10035	4208809.993	28865779.38	强脱钩
氨氮	3132	−2912	20439335.89	757565209.6	强脱钩

四、社会效益日益显现

(一)居民生活环境大幅改善

随着河流主要污染物浓度降低,水体黑臭现象彻底消除,居民的基本生存空间得到了保障。中水截蓄导用工程与当地城市建设紧密结合,通过将截蓄的中水注入城区河道,提供景观用水和绿化用水,激活了城市水系。大量人工湿地的建设,为群众提供了观水、亲水、戏水的去处,为当地居民营造了环境优美、和谐宜居的生态环境,从根本上提升了居民的生活质量。

(二)流域水资源可利用量增加

《山东省南水北调沿线水污染物综合排放标准》的实施,提高了中水水质,能够满足灌溉、景观等用水对水质的要求,增加了流域水资源的可利用量。2011 年春季,面对南水北调流域 60 年一遇的特大旱情,各市充分发挥中水回用工程的作用,将截蓄导用工程拦蓄的中水用于当地的抗旱灌溉中,春节前后利用拦蓄中水灌溉农田 62 万亩,有效缓解了当地的旱情。通过使用中水,灌溉成本显著降低,平均每亩降低了 10 元左右。

(三)对经济发展的促进作用日益明显

南四湖流域人工湿地的建设,使流域生态系统得到了恢复,生物多样性得以丰富,流域内水生动植物资源、湿地生态资源、鸟类资源等多种湿地生态旅游资源价值得到了提升,推动了当地旅游业的发展。例如,微山县已建成人工湿地生态保护区 2500 亩,并将其发展成一处旅游基地,有效地带动了当地经济的发展。

环境质量改善有力地带动了流域经济社会发展。经过治理的河流水体水质显著改善,河流水系生态逐步恢复,两岸景观环境显著提升,土地升值,增加了地方政府的收入,政府再将土地升值带来的效益反哺于污染治理工程,形成了治污工程投入机制的良性循环。

（四）流域生态系统逐步恢复

截至 2016 年,山东省南水北调流域内已建成人工湿地水质净化工程 23.9 万亩,修复自然湿地 22.6 万亩,人工湿地项目有效地发挥了水质净化作用,水质稳定达到Ⅲ类水标准。鱼类、鸟类和水生植物等生物重新回到南四湖,生物多样性提高,湖区富营养化程度下降,流域生态系统结构和功能逐步恢复。

1996 年,南四湖鱼类有 11 科 32 种。2016 年,流域内已恢复水生高等植物 78 种,恢复鱼类 52 种,物种恢复率分别达 92％和 67％。部分珍稀鸟类逐步回到南四湖,在南四湖栖息的鸟类已达 200 多种,其中包括白枕鹤、大天鹅等国家级珍禽,绝迹多年的小银鱼、毛刀鱼、鳜鱼等也再现南四湖,南四湖支流白马河和泗河甚至出现了对生存水质要求极高的桃花水母。昔日鱼虾绝迹、污染形势严峻的南四湖又重现了往日的生机,总体生态环境质量已得到修复。

山东省南水北调流域内的枣庄、济宁、泰安、莱芜、菏泽五市（区）主要的汇水流向是南四湖、东平湖,湖泊型流域特征明显;山东省南水北调流域内的临沂市、淄博市沂源县、日照市莒县主要的汇水流向是沂沭河,河流型流域特征明显。执行统一的标准在一定程度上忽略了其自然属性及降解规律有所不同的现实。因此,2018 年发布实施的《流域水污染物综合排放标准 第 1 部分:南四湖东平湖流域》（DB 37/3416.1—2018）等五项系列标准（以下简称"新流域标准"）将南水北调流域分为南四湖东平湖流域和沂沭河流域,按照各自的流域特点和环境管理需求,重新设置了环境管理要求。

新流域标准的实施将为南水北调流域带来明显的减排效益。对于南四湖东平湖流域,据统计,该流域内直排环境重点工业企业达 1200 多家,每年的废水排放量约 5.1 亿吨。以总氮排放浓度限值 20 mg/L 计算,畜禽养殖、农副产品加工、屠宰及肉类加工、石油炼制、合成氨和制药六大行业约 1/3 的直排企业实现总氮达标排放后,预计总氮减排率将达 50％。根据专项监测数据,流域内硫酸盐超标企业废水中硫酸盐含量约 5 万吨,按照标准限值

650 mg/L 达标排放后,预计硫酸盐减排将达 56％;以氟化物排放浓度限值 2 mg/L 计算,预计每年可削减流域内氟化物排放量 50％～80％。

此外,通过与国家行业标准对接,随着部分行业、部分污染物的排放限值的加严,可以实现相应行业、相应污染物总排放量减少 20％～50％。新流域标准通过规定"流域内船舶含油废水和生活废水禁止直接排放",减少了船舶污染,保障了湖区水质。据统计,南四湖运载船舶通行量和渔民生活船舶拥有量(不含渔船)分别为 5 万艘/年和 5 万艘。按照每艘船上常年生活人数平均为 5 人,运载船平均每年行驶 60 天,每艘船含油废水产生量平均为 14 吨/(天·艘),每人每天生活污水产生量为 60～70 L,BOD 浓度为 500～600 mg/L,SS 为 700～800 mg/L 进行估算,新流域标准实施后,预计每年可实现南四湖湖区船舶废水 BOD 减排 0.33 万吨,SS 减排 0.45 万吨。

新流域标准通过规定"禁止养殖废水向核心保护区直排",减少了养殖面源污染,保障了湖区水质。截至 2016 年,南四湖内养殖鱼池面积约为 45 万亩,按照养殖废水中总磷 0.5 mg/L、总氮3.0 mg/L[参见《淡水池塘养殖废水排放要求》(SC/T 9101—2007)]进行估算,预计新流域标准实施后,每年可实现养殖废水总磷减排 0.23 万吨,总氮减排 1.35 万吨。

对于沂沭河流域,据统计,流域内有 280 多家企业,每年的废水总排放量约为 0.8 亿吨,执行新流域标准后,以 COD 排放限值 50 mg/L 进行估算,预计每年可实现 COD 减排 800 吨;以氨氮排放限值 5 mg/L 进行估算,预计每年可实现氨氮减排 400 吨;以总氮排放限值 20 mg/L 进行估算,畜禽养殖、农副产品加工、屠宰及肉类加工、石油炼制、合成氨和制药六大行业约 1/3 的直排企业实现总氮达标排放后,预计每年可实现总氮减排 50％左右;以氟化物 2 mg/L 进行估算,预计每年可实现流域内氟化物减排 50％～80％。流域内超标排放的企业废水中,硫酸盐含量约 5.4 万吨,按照标准限值 650 mg/L 达标排放后,预计每年可实现硫酸盐减排 47％。此外,通过与国家行业标准对接,部分行业、部分污染物的排放限值的加严可以实现相应行业减少排放相应污染物 20％～50％。

第三节　山东省水污染物排放标准实施绩效总结

一、山东省经济指标评估

山东省水污染物排放标准实施后,全省高污染、高耗水行业用水产出率大幅度提高,高污染瓶颈问题得到突破,污染物排放强度大大降低。与此同时,自 2003 年以来,山东省经济快速发展的势头保持不变,经济总量和工业产值仍然快速增长,全省的经济发展方式初步实现了转变。

（一）经济总量持续快速增长

2003 年,山东省水污染物排放标准实施后,全省经济快速发展的势头保持不变,经济总量和工业产值仍然快速增长,全省的经济发展方式初步实现了转变。近年来,山东省不再以经济增速作为唯一的发展指标,GDP 增长速度均控制在 10％以内（见图 5-19）。第二产业对山东省全省经济的贡献率基本稳定在 50％～60％,2016 年降至 40％（见图 5-20）,虽然有降低的趋势,但仍是山东省经济增长的主要拉动力量。

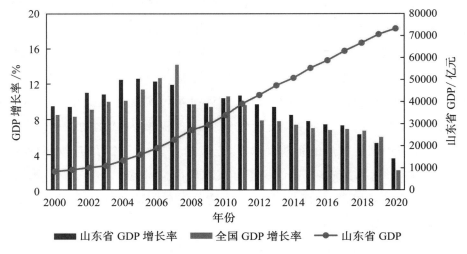

图 5-19　2000～2020 年山东省 GDP 及 GDP 增长率的变化趋势

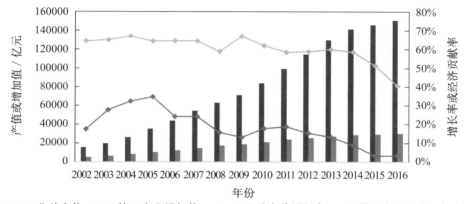

图 5-20　2002～2016 年山东省工业产值及第二产业产值变化趋势

(二)工业产值持续增加

山东省水污染物排放标准实施前,山东省工业总产值年均增长率为 13％;标准实施后,2003～2013 年,山东省工业总产值增长率均在 13％以上;2013～2016 年,产值年均增长率下降至 10％以下(见图 5-20)。2003～2013 年,山东省工业产值占生产总值的比例均在 50％以上,工业对山东省经济增长的贡献率基本在 60％以上,是山东省经济增长的主要拉动力量。

(三)高耗水行业水资源利用效率大幅提升

1.工业平均用水效率持续提高

标准实施后,由于排放限值的提高,污染源达标排放的废水中,主要污染物浓度明显降低,经过简单处理后,可以部分满足一般工业用水和景观用水的要求,从而节约了大量的工业新鲜水,工业新鲜水取水量得到了有效控制。自 2003 年以来,在工业总产值以高于 12％的速度增长的背景下,工业新鲜水取水量总体呈现减少的趋势,相对于标准实施前,山东省工业新鲜水取水量减少了 23.2％。

山东省的工业用水效率提高更为明显,万元工业增加值新鲜水取水量逐年减少,2010 年,山东省万元工业增加值新鲜水取水量为 22.72 立方米,比 2002 年减少了 78.2％,是全国平均值的 50％左右;工业用水重复利用率逐年升高,2010 年达到 89.54%,比 2005 年增加了 5 个百分点,高出全国平均水平 4.5 个百分点。2012 年,山东省万元工业增加值新鲜水取水量进一步降为 12.40 立方米,为全国万元工业增加值水量的 15.8%。山东省 2002~2012 年工业用水统计如表 5-18 所示。

表 5-18　山东省 2002~2012 年工业用水统计

	工业用水量/亿立方米	万元工业增加值取水量/立方米	工业用水重复利用率/%
2002 年	36.59	104.54	—
2003 年	27.96	59.48	—
2004 年	24.81	36.90	—
2005 年	18.38	33.47	84.51
2006 年	18.93	31.42	87.64
2007 年	24.12	29.87	88.54
2008 年	24.69	27.42	88.78
2009 年	24.70	25.03	89.24
2010 年	24.69	22.72	89.54
2011 年	29.72	20.00	88.90
2012 年	28.10	12.40	89.50

2.重点行业用水效率明显提高

以造纸行业为例,2002 年,山东省造纸行业万元工业产值新鲜水用量为 322 立方米,高于山东省工业平均值(200 立方米),工业用水重复利用率仅为 46.2%。排放标准实施 10 年后,山东省造纸行业的用水效率明显提高。2012 年,山东省造纸行业万元工业产值新鲜水用量为 23.56 立方米,减少了 90% 左右;工业用水重复利用率为 72.82%,提高了 26.62 个百分点,并在全国造纸行业中居领先水平(2012 年全国造纸行业万元工业产值新鲜水用量为 57.2 立方米,工业用水重复利用率为 66.37%)。2002 年、2010 年和 2012 年山东省造纸行业的用水效率如图 5-21 所示。

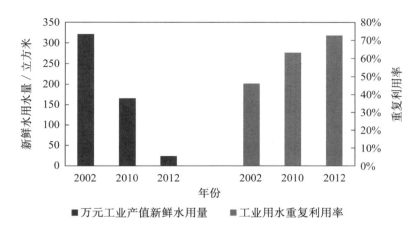

图 5-21　2002 年、2010 年和 2012 年山东省造纸行业的用水效率

(四)高污染行业环境"瓶颈"问题得到突破

在分阶段逐步加严的地方标准引导下,山东省高污染行业主动与国内外高校和科研院所联合,不断加大科研投入和攻关力度,主要污染行业生产工艺技术水平、装备水平、污染防治技术水平、污染防治设施的运营管理水平都大大提高,高污染行业的环境瓶颈问题逐渐得到突破。山东省的工业污染物排放强度也大大降低,主要污染行业的降低幅度更为显著,行业间污染物排放强度差距逐渐缩小。

2010 年,山东省万元工业增加值废水排放量为 9.60 立方米,较 2002 年下降了 68.5%;万元工业增加值 COD 排放量为 0.75 千克,较 2002 年下降了 93.7%;万元工业增加值氨氮排放量为 0.06 千克,较 2002 年下降了 93.1%。

2013 年,山东省万元工业增加值废水排放量为 7.47 立方米,较 2002 年下降了 75.5%,年均降幅为 12.0%;万元工业增加值 COD 排放量为 0.55 千克,较 2002 年下降了 95.4%,年均降幅为 24.4%;万元工业增加值氨氮排放量为 0.04 千克,较 2002 年下降了 95.3%,年均降幅为 24.2%。2002~2013年山东省污染物排放强度变化如表 5-19 所示。

表 5-19　2002～2013 年山东省污染物排放强度变化

	万元工业增加值废水排放量/立方米	万元工业增加值 COD 排放量/千克	万元工业增加值氨氮排放量/千克
2002 年	30.50	11.90	0.87
2003 年	24.70	8.64	0.55
2004 年	19.80	5.38	0.43
2005 年	16.50	4.24	0.38
2006 年	13.00	3.02	0.22
2007 年	12.60	2.30	0.15
2008 年	10.60	1.54	0.10
2009 年	9.70	1.38	0.07
2010 年	9.60	0.75	0.06
2011 年	9.12	0.69	0.06
2012 年	8.07	0.61	0.05
2013 年	7.47	0.55	0.04
年均降幅	12.0%	24.4%	24.2%
绝对降幅	75.5%	95.4%	95.3%

注:绝对降幅指 2013 年比 2002 年降低的幅度。

2010 年,山东省万元工业增加值 COD 排放量和氨氮排放量分别低于全国平均水平 72.3% 和 62.6%;2013 年,山东省万元工业增加值 COD 排放量和氨氮排放量分别低于全国平均水平 67.6% 和 69.2%,也低于江苏和浙江等沿海经济发达省份(见表 5-20)。

表 5-20　2013 年全国部分省份工业主要污染物排放强度

	万元工业增加值 COD 排放量/千克	万元工业增加值氨氮排放量/千克
江苏	0.71	0.05
浙江	1.11	0.11
山东	0.55	0.04
广东	0.49	0.05
全国平均	1.70	0.13

2012年,山东省主要污染行业污染物排放强度下降更加明显,与其他行业间的差距逐步缩小。以造纸行业为例,2012年山东省造纸行业万元工业增加值废水排放量为38.6立方米,较2002年下降了87.5%;万元工业增加值COD排放量为4.6千克,较2002年下降了97.6%。

2002年,山东省造纸行业万元工业增加值废水排放量高于山东省平均水平280.7立方米;2012年,山东省造纸行业万元工业增加值废水排放量高于山东省平均水平30.6立方米。

2002年,山东省造纸行业万元工业增加值COD排放量高于山东省平均水平180.9千克;2012年,山东省造纸行业万元工业增加值COD排放量仅高于山东省平均水平4.0千克。2002年和2012年山东省污染行业污染物排放强度如表5-21所示。

表5-21　2002年和2012年山东省污染行业污染物排放强度

		万元工业增加值废水排放量/立方米			万元工业增加值COD排放量/千克		
		2002年	2012年	变化值	2002年	2012年	变化值
全部行业平均		28.7	8.0	−20.7	11.3	0.6	−10.7
高污染行业	造纸及纸制品业	309.4	38.6	−270.8	192.2	4.6	−187.6
	食品制造业	46.1	31.8	−14.3	46.5	2.0	−44.5
	化学原料及化学制品制造业	53.4	14.0	−39.4	14.2	0.9	−13.3
	纺织业	25.4	11.0	−14.4	7.9	0.9	−7.0
	饮料制造业	60.0	21.4	−38.6	19.7	1.3	−18.4
	食品加工业	12.4	14.8	2.4	3.9	1.2	−2.7
	高污染行业平均	61.4	17.6	−43.8	31	1.4	−29.6
中污染行业	石油和天然气开采业	11.0	4.1	−6.9	4.6	0.4	−4.2
	石油加工及炼焦业	35.9	1.6	−34.3	9.0	0.1	−8.9
	医药制造业	40.7	10.2	−30.5	14.6	1.1	−13.5

		万元工业增加值废水排放量/立方米			万元工业增加值 COD排放量/千克		
		2002 年	2012 年	变化值	2002 年	2012 年	变化值
中污染行业	电力、蒸汽、热水的生产和供应业	32.9	8.0	−24.9	2.8	0.6	−2.2
	皮革、毛皮、羽绒及其制品业	13.4	23.8	10.4	9.4	2.0	−7.4
	黑色金属冶炼及压延加工业	20.8	1.3	−19.5	3.1	0.1	−3.0
	煤炭开采和洗选业	35.2	30.3	−4.9	4.4	1.4	−3.0
	化学纤维制造业	65.7	41.0	−24.7	23.1	3.5	−19.6
	中污染行业平均	27.5	6.2	−21.3	5.8	0.4	−5.4
低污染行业	低污染行业平均	6.4	1.9	−4.5	1.3	0.1	−1.2

二、山东省生态环境指标评估

山东省水污染物排放标准实施以来,山东省主要水污染物减排成效显著。"十二五"期间,山东省 COD 减排率达到 12.8%;年均氨氮排放量15.26 万吨,比 2010 年下降了 13.5%,降幅居全国第三位;四项主要污染物减排均超额完成国家下达的"十二五"目标任务。山东省各流域的污染程度也大大减轻,水环境质量明显改善。

(一)山东省主要水污染物排放量明显降低

山东省的 COD 减排量的计算方法与南水北调流域类似,将工业行业作为一个整体来考虑。不同之处在于,山东省地方标准包括行业标准和流域标准,造纸行业等部分行业先执行行业标准,后执行流域标准;其他行业则是先执行国家标准,后执行统一的地方流域标准。因此,计算山东省的 COD 减排量时,造纸行业要单独核算,采用行业标准减排量计算方法;除去 7 个低 COD 排放行业的其余行业采用宏观核算法。

1.减排量计算方法

(1)山东省工业 COD 减排量的计算公式如下:

$$R = R_{其他} + R_{造纸业} \qquad (5\text{-}20)$$

式中,R 为研究年山东省工业 COD 减排量,单位为万吨;$R_{其他}$ 和 $R_{造纸业}$ 分别为其他行业和造纸业的 COD 减排量,单位为万吨。

(2)实施山东省排放标准带来的 COD 减排量的计算公式如下:

$$R_S = R_{其他S} + R_{造纸业S} \qquad (5\text{-}21)$$

式中,R_S 为研究年实施山东省地方排放标准的 COD 减排量,单位为万吨;$R_{其他S}$ 和 $R_{造纸业S}$ 分别为研究年山东省其他行业和造纸业的排放标准中 COD 减排量,单位为万吨。

2.山东省 COD 减排量

考虑到山东省自 2003 年开始执行行业水污染物排放标准,自 2006 年起逐步在全省范围内执行流域水污染物排放标准,自 2013 年起在全省统一实行《关于批准发布〈山东省南水北调沿线水污染物综合排放标准〉等 4 项标准修改单的通知》,所以将 2002 年和 2005 年作为基准年,计算山东省的 COD 减排量。

山东省实施流域排放标准的时间和 COD 排放浓度限值如表 5-22 所示。为简化计算,将全省 COD 排放浓度限值的执行时间统一为 2006 年 1 月 1 日至 2007 年 12 月 31 日、2008 年 1 月 1 日至 2012 年 12 月 31 日和 2013 年 1 月 1 日之后三个阶段,限值分别为 120 mg/L、100 mg/L 和 60 mg/L。

表 5-22　山东省流域水污染物排放标准 COD 排放限值

	标准实施年限/排放限值			计算中采用的标准实施年限/排放限值/(mg/L)		
国家综合排放标准	自 1998 年 1 月 1 日起为 100～150 mg/L					
南水北调标准	自 2006 年 3 月 1 日起为 60～100 mg/L					
海河标准	2007 年 7 月 1 日至 2008 年 6 月 30 日为 100～120 mg/L	2008 年 7 月 1 日至 2009 年 6 月 30 日为 80～100 mg/L	自 2009 年 7 月 1 日起为 60～100 mg/L	2006 年 1 月 1 日至 2007 年 12 月 31 日为 120 mg/L	2008 年 1 月 1 日至 2012 年 12 月 31 日为 100 mg/L	自 2013 年 1 月 1 日之后为 60 mg/L
小清河标准	2007 年 4 月 1 日至 2008 年 6 月 30 日为 100～120 mg/L	2008 年 7 月 1 日至 2009 年 6 月 30 日为 80～100 mg/L	自 2009 年 7 月 1 日起为 60～100 mg/L			
半岛流域标准	2007 年 10 月 1 日至 2009 年 12 月 31 日为 100～120 mg/L	自 2010 年 1 月 1 日起为 60～100 mg/L				
4 项流域标准修改单	自 2013 年 1 月 1 日起为 50～60 mg/L					

以 2002 年为基准年,2003～2010 年山东省工业 COD 减排量为 68.97 万吨,实施水污染物排放标准削减的工业 COD 排放量为 31.16 万吨,对总减排量的贡献率为 45%。

以 2005 年为基准年,2006～2010 年山东省工业 COD 减排量为 43.37 万吨,实施水污染物排放标准削减的工业 COD 排放量为 22.50 万吨,对总减排量的贡献率为 52%。

以 2002 年为基准年,2003～2013 年山东省工业 COD 减排量为 90.28 万吨,实施水污染物排放标准削减的工业 COD 排放量为 40.22 万吨,对总减排量的贡献率为 45%。

以 2005 年为基准年,2006～2013 年山东省工业 COD 减排量为 53.55 万吨,实施水污染物排放标准削减的工业 COD 排放量为 31.55 万吨,对总减排量的贡献率为 59%。

实施山东省水污染物排放标准带来的 COD 减排量如表 5-23 所示。

表 5-23　实施山东省水污染物排放标准带来的 COD 减排量

以 2002 年为基准(2003～2010 年)

	COD 减排量/万吨	标准减排量/万吨	标准对 COD 减排的贡献率
其他行业	41.07	9.28	23%
造纸行业	27.90	21.88	78%
合计	68.97	31.16	45%

以 2005 年为基准(2006～2010 年)

	COD 减排量/万吨	标准减排量/万吨	标准对 COD 减排的贡献率
其他行业	28.54	9.28	33%
造纸行业	14.83	13.22	89%
合计	43.37	22.50	52%

以 2002 年为基准(2003～2013 年)

	COD 减排量/万吨	标准减排量/万吨	标准对 COD 减排的贡献率
其他行业	55.86	10.72	17%
造纸行业	34.42	29.5	86%
合计	90.28	40.22	45%

以 2005 年为基准(2006～2013 年)

	COD 减排量/万吨	标准减排量/万吨	标准对 COD 减排的贡献率
其他行业	32.22	10.72	33%
造纸行业	21.33	20.83	98%
合计	53.55	31.55	59%

(二)水环境质量显著改善

1.山东省水环境质量的改善情况

山东省水污染物排放标准实施以来,在经济总量以两位数速率增长的前提下,2002～2013年,山东省的COD和氨氮浓度年均下降幅度分别为17.2%和16.3%。2010年,山东省的COD和氨氮平均浓度达到34.8 mg/L和2.3 mg/L,分别较2002年下降了159.9 mg/L和5.0 mg/L,降幅分别为82.1%和68.6%。2020年,山东省的COD和氨氮浓度进一步分别下降至18.86 mg/L和0.34 mg/L(见图5-22)。

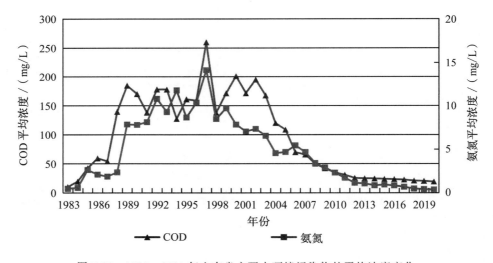

图5-22 1984～2020年山东省主要水环境污染物的平均浓度变化

2010年,山东省Ⅰ～Ⅲ类水质比例达到32.7%,比2002年上升了21.6个百分点,Ⅳ～Ⅴ类水质断面比例上升了2.0个百分点,劣Ⅴ类水质断面比例相应下降了23.6个百分点。

2013年,山东省Ⅰ～Ⅲ类水质比例达到50.7%,比2002年上升了39.6个百分点,Ⅳ～Ⅴ类水质断面比例达到34.3%,劣Ⅴ类水质断面比例下降至14.9%,比2002年下降了46.2个百分点。

2013～2016年,山东省Ⅰ～Ⅲ类水质比例基本维持稳定,在50%上下

第五章 山东省水污染物排放标准实施绩效评估

波动,Ⅳ～Ⅴ类水质断面比例小幅度上升至 42.7％后又开始下降,劣Ⅴ类水质断面比例稳步下降至 9％。

2017～2020 年,山东省劣Ⅴ类水质断面比例继续下降,到 2020 年降为0。此外,山东省Ⅰ～Ⅲ类水质比例有小幅度上升,在 2020 年达到了 50％以上。

2002～2020 年山东省各类水质水体所占比例的变化如图 5-23 所示。

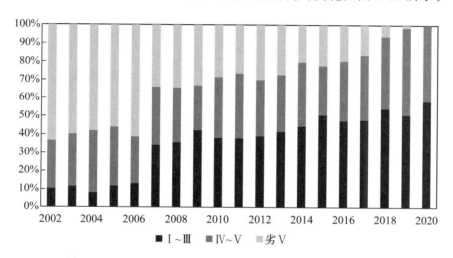

图 5-23 2002～2020 年山东省各类水质水体所占比例的变化

2.各流域水质明显好转

除南水北调流域水质好转外,山东省其他三大流域的水质也均较标准实施前有了明显好转。

(1)海河流域。自 2003 年起,海河流域在 GDP 总量年均增长 14.8％的前提下,COD 和氨氮平均浓度的下降幅度为 28.1％和 19.2％。2010 年,海河流域 COD 和氨氮平均浓度分别达到 42.7 mg/L 和 3.0 mg/L,较 2002 年分别下降了 294.4 mg/L 和 2.9 mg/L,降幅分别达 87.3％和 49.2％。

2013 年,海河流域 COD 和氨氮平均浓度分别达到32.3 mg/L 和1.8 mg/L,较 2002 年分别下降了 304.8 mg/L 和 4.1 mg/L,降幅分别达 90.4％和69.5％。2020 年,海河流域 COD 和氨氮平均浓度分别达到 25.8 mg/L 和0.6 mg/L,较 2002 年分别下降了 311.3 mg/L 和 5.3 mg/L,降幅分别达

153 ·

92.3%和89.8%。

2002~2020年海河流域主要污染物平均浓度变化趋势如图5-24所示。

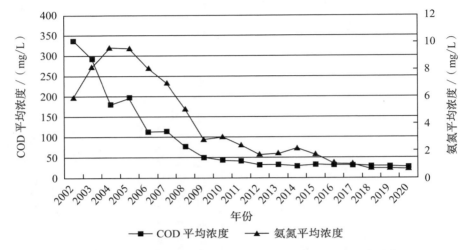

图 5-24　2002~2020年海河流域主要污染物平均浓度变化趋势

（2）小清河流域。自2003年起,小清河流域在GDP总量年均增长14.7%的前提下,COD和氨氮平均浓度的下降幅度分别为21.7%和26.5%。2010年,小清河流域COD和氨氮平均浓度分别达到46.9 mg/L和5.5 mg/L,较2002年分别下降了210.4 mg/L和21.5 mg/L,降幅分别达81.8%和79.6%。

2013年,小清河流域COD和氨氮平均浓度分别达到32.8 mg/L和2.3 mg/L,较2002年分别下降了224.5 mg/L和24.7 mg/L,降幅分别达87.3%和91.5%。2020年,小清河流域COD和氨氮平均浓度分别达22.3 mg/L和0.6 mg/L,较2002年分别下降了235 mg/L和26.4 mg/L,降幅分别达91.3%和97.8%。

2002~2020年小清河流域主要污染物平均浓度变化趋势如图5-25所示。

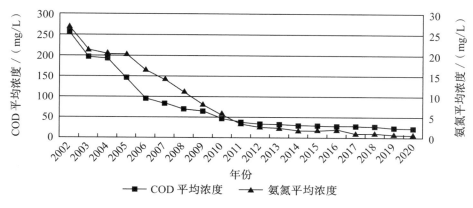

图 5-25　2002～2020 年小清河流域主要污染物平均浓度变化趋势

（3）半岛流域。自 2003 年起，半岛流域在 GDP 总量年均增长 14.9% 的前提下，COD 和氨氮平均浓度的下降幅度分别为 18.2% 和 9.9%。2010年，半岛流域 COD 和氨氮平均浓度分别达到 23.4 mg/L 和 0.8 mg/L，较 2002 年分别下降了 66.0 mg/L 和 0.9 mg/L，降幅分别达 73.8% 和 52.9%。

2013 年，半岛流域 COD 和氨氮平均浓度分别达到 24.5 mg/L 和 0.5 mg/L，较 2002 年分别下降了 64.9 mg/L 和 1.2 mg/L，降幅分别达 72.6% 和 70.6%。2020 年，半岛流域 COD 和氨氮平均浓度分别达到 20.0 mg/L 和 0.4 mg/L，较 2002 年分别下降了 69.4 mg/L 和 1.3 mg/L，降幅分别达 77.6% 和 76.5%。

2002～2020 年半岛流域主要污染物平均浓度变化趋势如图 5-26 所示。

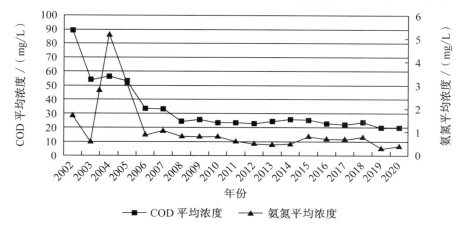

图 5-26　2002～2020 年半岛流域主要污染物平均浓度变化趋势

三、山东省生态效率评估

(一)用水产出率评估

自 2003 年以来,在工业总产值以高于 12% 的平均速度增长的背景下,山东省的工业废水排放量总体呈现缓慢上升趋势,2010 年达到最大值 208257 吨,较 2003 年增加了 80%。2010 年之后开始出现下降趋势,2016 年较 2010 年下降了 23%,2020 年工业废水排放量降至 133359 吨。全省工业平均用水产出率提高更为显著,从 2003 年起以年均 12% 的速度增加,2016 年用水产出率达到 1385 元/吨,2020 年用水产出率达到 1733 元/吨(见图 5-27)。

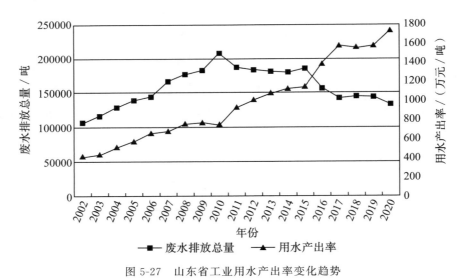

图 5-27 山东省工业用水产出率变化趋势

(二)污染物排放产出率评估

自山东省实施分阶段逐步加严的水污染物排放标准体系以来,主要污染物 COD 及氨氮的排放产出率均呈现显著变化(见图 5-28、图 5-29)。

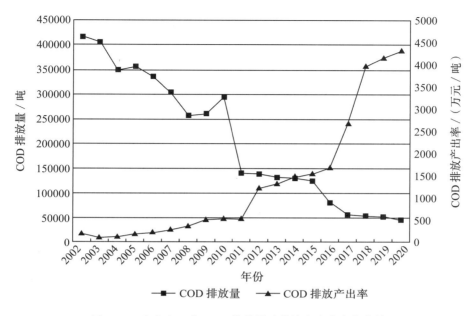

图 5-28　山东省工业 COD 排放量及排放产出率变化趋势

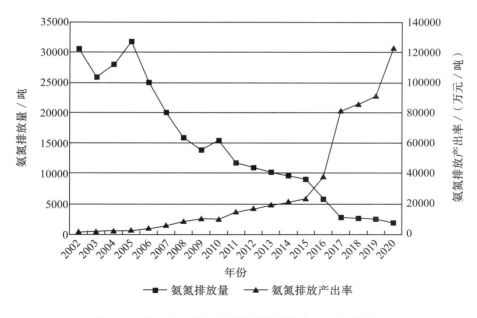

图 5-29　山东省工业氨氮排放量及排放产出率变化趋势

2002 年山东省工业 COD 总排放量为 41.7 万吨,COD 排放产出率为 104.8 万元/吨。2003 年山东省对造纸业制定了严格的排放标准,首个行业标准实施后的 3 年间,污染物排放量下降趋势明显:2005 年山东省工业 COD 总排放量为 35.7 万吨,较 2002 年下降了 14.4%;同年流域 COD 排放产出率为 220.82 万元/吨,是 2002 年的 2.1 倍。2008~2010 年,山东省的污染物排放量出现了回升,排放产出率也进入了平台期。2010 年,山东省取消了行业差别,所有行业执行重点保护区域 COD 60 mg/L、一般保护区域 COD 100 mg/L 的标准。此项措施使污染物排放量恢复了下降趋势。从减排成果来看,2010 年山东省工业 COD 总排放量为 29.5 万吨,较 2002 年下降了 29.2%;2010 年山东省流域 COD 排放产出率为 523.5 万元/吨,是 2002 年的 5 倍,流域标准的修订取得了很好的减排效果。2013 年,山东省再次对标准限值进行了加严,此项措施使排放产出率再一次得到提升。2016 年,山东省工业 COD 总排放量为 8.2 万吨,较 2002 年下降了 80.3%。2020 年山东省流域 COD 排放产出率为 4978.8 万元/吨,是 2002 年的 47.5 倍。

2016 年山东省氨氮排放量为 5767 吨,较 2005 年下降了 81.9%。氨氮排放产出率呈现持续增长趋势,2020 年氨氮排放产出率为 122735 万元/吨,是 2005 年的 49.5 倍。

工业污染物排放强度逐步降低。2020 年,山东省万元工业增加值废水排放量为 5.77 吨,较 2002 年下降了 76.4%;万元工业增加值 COD 排放量为 2 吨,较 2002 年下降了 98%;万元工业增加值氨氮排放量为 0.0814 吨,较 2002 年下降了 89.7%。

(三)山东省生态效率的脱钩/复钩评价

利用脱钩分析模型对山东省生态效率进行脱钩评价,从表 5-24 可以看出,整个研究时期内,山东省生态效率总体上处于脱钩状态。其中,工业废水指标处于弱脱钩状态,COD 与氨氮指标处于强脱钩状态,这说明就主要工业水污染物与工业废水排放量而言,山东省已基本上摆脱了依靠增加环境压力来支撑经济发展的恶性循环。这也表明"十二五"期间提倡"循环经济"理念、推广清洁生产技术、发展生态工业和生态农业、优化区域发展布局等措施具有积极的成效。

表 5-24　山东省生态效率的脱钩/复钩评价结果

类别	I_0	$EcoE_0$	$\Delta EcoE_0$	评估结果
工业废水	1066680000	423.64	1236.18	弱脱钩
COD	416590	1084728.39	31606698.08	强脱钩
氨氮	30628.00	14754048.58	462169585.57	强脱钩

第六章　地方水污染物排放标准体系建设展望

在总结"十三五"时期取得的水环境管理成效的基础上,本章对"十四五"时期水污染防治的形势进行了分析,并对地方水污染物排放标准建设提出了建议。

第一节　"十四五"时期水污染防治形势分析

一、"十三五"期间取得的成效

水环境质量的根本改善是我国实现可持续发展目标的重要一环。为了平衡经济发展和水环境保护,"十三五"期间,我国大力加强标准法规体系建设,并在水污染治理技术等领域进行了创新和实践,有效地减轻了水环境污染,水环境质量不断得到改善。

2015年4月,国务院发布了《水污染防治行动计划》,以改善水环境质量为核心,切实加大水污染防治力度,保障了国家的水安全。2017年6月,第十二届全国人大常委会第二次会议修订了《中华人民共和国水污染防治法》,更加明确了各级政府的水环境质量责任,同时新增了总量控制制度和排污许可制度的相关内容。2017 年 8 月,《重点流域水污染防治规划(2016—2020 年)》正式发布,为各地"十三五"期间的水污染防治工作提供了指南,夯实了全面建成小康社会的水环境基础。2018 年 6 月,《中共中央、国务院关于全面加强生态环境保护坚决打好污染防治攻坚战的意见》正式发布,对全面加强生态环境保护,坚决打好污染防治攻坚战做出了全面部署和安排,地表水水质达标情况也被纳入该文件的九项约束性指标之中。根据规定,各省(区、市)要完成地表水水质优良比例和劣 V 类水体比例两项考核指标,并保证水质类别不能退化。

在水污染治理技术领域,"十三五"期间,水体污染控制与治理科技重大专项(简称"水专项")围绕构建我国流域水污染治理技术体系这一战略目标,按照"控源减排、减负修复、综合调控"三步走的战略,部署项目(课题)510 个,针对湖泊、河流和城市水体三类水域,制定了流域水污染治理的技术路线图,编制了针对不同水域和目标的流域治理分类指导方案和总体解决方案,发布了《流域水污染治理技术发展蓝皮书》,为流域水污染治理提供了系统性的技术支撑,全面提升了我国流域水污染综合治理能力和整体技术水平,有力地支撑了水污染防治攻坚战、长江生态保护、城市黑臭水体治理和"海绵城市"建设等国家重大战略行动。

2021 年发布的《中国生态环境状况公报》显示,2020 年全国地级及以上城市建成区黑臭水体消除比例达 98.2%;长江流域、渤海入海河流国控断面全部消除劣 V 类水体,长江干流历史性地实现了全优水体;全国地表水优良水质断面比例提高到 83.4%(目标为 70%),劣 V 类水质断面比例下降到 0.6%(目标为 5%),分别比 2016 年的水平提高了 15.6% 和降低了 8%。这表明,我国的水环境治理在"十三五"期间取得了积极成效,水质持续改善。

二、"十四五"期间的机遇与挑战

"十四五"时期,我国的生态文明建设进入了以"降碳"为重点战略方向,推动减污降碳协同增效,促进经济社会发展全面绿色转型,实现生态环境质量改善由量变到质变的关键时期。为使我国的水质实现整体改善,保障水生态系统健康、水资源供给和饮用水安全,未来我国的水污染防治工作应关注以下几点。

（一）推动"三水"统筹,实现系统治理

要以保护流域水生态系统健康和改善水环境质量为重点,针对当前我国大江大河流域水污染的严峻形势,结合国家流域水污染防治规划和污染物减排"三大体系"建设的技术需求,深化全国地表水环境质量监测评价,进一步提升重点区域流域水质监测预警与水污染溯源能力;建立水生态监测网络与评价体系,支撑水环境、水资源和水生态"三水"统筹管理。

（二）坚持实施流域分区管理

按照"流域统筹、区域落实"的思路,打通岸上和水里,以保护水体的生态环境功能、明晰各级行政区域的责任为目的,逐步建立起包括"全国、流域、水功能区、控制单元、行政区域"五大层级在内的、覆盖全国的流域空间管控体系。

（三）明确流域特色,因地制宜

从各流域的实际出发,深入分析流域存在的突出问题,明确流域生态环境保护工作的总体布局,聚焦重点区域、重点城市、重点领域和重点行业,突出"一河一策",体现不同流域的特色。

（四）加强全流域水资源节约集约利用

实施最严格的水资源保护利用制度,全面实施深度节水控水行动,坚持节水优先,统筹地表水与地下水、天然水与再生水、当地水与外调水、常规水与非常规水,优化水资源配置格局,提升配置效率,实现用水方式由粗放低效向节约集约的根本性转变,以节约用水扩大发展空间。

（五）强化环境污染的系统治理

要统筹推进农业面源污染、工业污染、城乡生活污染防治综合整治，做到"一河一策""一湖一策"，将节约用水和污染治理成效与水资源配置相挂钩。强化对农业面源污染的综合治理，加大工业污染协同治理力度，统筹推进城乡生活污染治理。

第二节　地方水污染物排放标准建设建议

2021 年 12 月 14 日，国家标准化管理委员会、商务部、应急管理部等十部委联合印发了《"十四五"推动高质量发展的国家标准体系建设规划》，提出到 2025 年，推动高质量发展的国家标准体系基本建成，国家标准供给和保障能力明显提升，国家标准体系的系统性、协调性、开放性和适用性显著增强，标准化质量效益不断显现。在生态文明建设领域，该规划重点提到要加快修订地表水、海水等环境质量标准，统筹规划并不断完善污染物排放标准。为认真贯彻落实该规划的精神，地方应持续深化生态文明建设标准化，加快健全支撑新旧动能转换的节能、环境保护地方标准体系，形成服务绿色发展的标准倒逼机制。

水污染防治工作的转变，要求水污染物排放标准体系围绕水质改善、限制"两高"行业、治理新型污染和促进经济发展方式转变等方面做出相应的调整。对此，需要从生产、消费、流通等再生产全过程出发，将水污染物排放标准体系拓展到与控制水污染物产生和排放相关的所有环节。此外，随着水污染物排放标准数量的增多及制修订标准工作量的增加，需要规范标准的制修订工作，以此促进标准体系的完善。

下面，笔者将从标准内容、制定方法、体系建设、实际应用（国内外）等角度，对地方水污染物排放标准体系建设提出相关建议，以促进环境标准制修订工作的进一步完善，提高标准制修订工作的效率。

一、根据需求变化和实施绩效，对标准体系进行修订和完善

环境标准具有项目数量多、工作周期长、制修订程序复杂、质量要求严格等特点。在环境标准制修订的过程中，要根据以往和国际国内环境标准实施及管理的实践，对环境标准实施的效果进行科学评估，并将其作为标准修订的重要依据，不断提高环境标准的引导性、可行性和科学性。对没有国家污染物排放标准的特色产业、特有污染物，或者国家有明确要求的特定污染源或者污染物，要补充制定地方污染物排放标准；对已经落后于当地环境质量目标的污染物指标值要进行加严管控。

笔者认为，这方面的工作重点之一是要重视对新污染物的治理。新污染物来源广、种类多、差异大，其治理应纳入化学物质环境管理体系，遵循全生命周期环境风险管理的基本理念，基于环境风险筛查和评估，精准识别各类物质管控重点，充分结合经济社会条件，实现分类、分级、分阶段、分区域的科学化、精准化、务实化管理，避免"一刀切"。各地方应研究制定新污染物控制名录，分析新污染物的生态和健康风险，弄清主要排放源并建立源清单，积极出台新污染物排放的行业标准和区域标准。

二、高质量推进水污染防治标准体系编制方法和技术的创新

作为新的水污染物排放标准类型，流域型标准的方法学研究在我国尚处于起步阶段。已发布的流域型标准采用的技术方法差异较大，框架结构也各不相同，其科学性和精准度有待加强。《流域型水污染物排放标准制修订技术导则》确定的相关技术方法仍主要停留在理论层面，缺少实践检验。此外，流域型标准对编制技术要求较高，目前地方上的标准编制技术力量严重不足，急需通过加强培训来提高。对此，要以科技创新提升标准水平，建立重大科技项目与标准化工作联动机制，将标准作为科技计划的重要产出，强化标准核心技术指标研究，及时将先进、适用的科技创新成果融入标准，

提升标准水平;对符合条件的重要技术标准要按规定给予奖励,激发全社会的标准化创新活力。

三、加快建立全生命周期过程和全流域的水污染物排放标准体系

在制定水污染物排放标准时,应加强水污染物排放标准与水环境质量的衔接,加快建立全生命周期过程和全流域的水污染物排放标准体系,以适应我国环境管理由以污染物控制为主向环境质量目标管理的转变。为此,应坚持注重深化环境管理体制机制改革,尽快建立和完善覆盖生产、流通、消费全过程的环境标准体系;严格环境准入,建立行业污染防治技术政策体系;制定实施差别化区域环境准入政策,促进产业结构调整和发展方式的根本性转变,实现区域经济社会与环境协调发展;加强过程引导,制定系列行业污染防治技术指南,推动末端治理向全过程综合防治转变。

四、发挥标准对生态保护和高质量发展的引导及推进作用

"十四五"时期,我国生态文明建设将实现新进步,探索以生态优先、绿色发展为导向的高质量发展新途径;高质量发展将是我国当前和今后一段时期生态文明建设的核心要求。对此,要强化标准对环境管理的支撑和引领作用,提升环境治理标准水平,持续优化提升环境治理标准体系,推动环境管理从污染物排放控制走向环境质量控制,并最终实现风险防范控制的战略转型。

五、推行标准的国际化

要想推行标准的国际化,就需要我们加强对国际标准的跟踪,完善国际标准应用机制,开展国内外标准比对研究和验证分析,建立标准国际化工作机制,加强标准化人才建设,积极参与国际标准的制定,加强标准领域的国

际交流合作,增强我国在国际标准制定中的话语权。多方法、多渠道地把我国相关环境标准制定的先进经验和方法策略推广到区域组织乃至国际组织标准的制定与实施应用中,使我国的标准在服务于我国经济和社会发展需求的同时,还服务于全球可持续发展的需要。

参考文献

中 文 文 献

一、图书类

[1]周景辉.制浆造纸工艺设计手册[M].北京:化学工业出版社,2004.

[2]万金泉,马邕文.造纸工业环境工程导论[M].北京:中国轻工业出版社,2005.

[3]张晓东,慕金波.山东省河流水环境容量研究[M].济南:山东大学出版社,2007.

[4]中国工程院,环境保护部.中国环境宏观战略研究——综合报告卷[M].北京:中国环境科学出版社,2011.

[5]孙德智,张立秋,齐飞,等.制浆造纸行业过程降污减排技术与评估方法[M].北京:中国环境科学出版社,2012.

[6]环境保护部清洁生产中心,轻工业环境保护研究所.造纸行业清洁生产培训教材[M].北京:冶金工业出版社,2012.

二、期刊类

[1]钱谊，汪云岗，周军英.日本大气和水污染物排放标准探析[J].上海环境科学,1999,18(5):216-219.

[2]曹邦威.美国制定与修改制浆废水排放标准的经验和启示[J].国际造纸,1999(6):11-14.

[3]汪云岗,周军英,钱谊.美国水环境标准及其实施体系述评[J].农村生态环境,1999,15(3):49-53.

[4]吴舜泽,夏青,刘鸿亮.中国流域水污染分析[J].环境科学与技术,2000(2):1-6.

[5]郭焕庭.国外流域水污染治理经验及对我们的启示[J].环境保护,2001(8):39-40.

[6]胡健,吴海珍,李友明,等.造纸行业的清洁生产技术与措施分析[J].环境保护,2001(1):39-40.

[7]王桂玲.首席科学家牛文元教授谈中国可持续发展战略[J].北京观察,2002(3):4-7.

[8]赵振东.山东造纸原料需求及市场分析[J].中华纸业,2002(1):57-58.

[9]费永法.法国的水资源管理与优化配置特点简介[J].治淮,2002(2):33-34.

[10]田仁生,王业耀,李宇军.我国水污染物排放标准体系调整的比较探讨[J].上海环境科学,2002,21(8):481-484.

[11]陈艳卿.论国家水污染物排放标准体系调整思路与当前工作重点[J].中国环境管理,2003,22(12):1-3.

[12]王鸿文.山东、浙江、广东、河南、江苏、河北六省近年造纸工业发展特点之比较[J].上海造纸,2004(1):3-10.

[13]陈蕊,刘新会,杨志峰.欧盟工业废水污染物排放限值制定的方法[J].上海环境科学,2004,23(5):210-214.

[14][荷]E.莫斯特,姜鲁光.欧盟水框架指令与水资源管理研究[J].水利水电快报,2004,25(7):1-4.

[15]高娟,李贵宝,华珞,等.日本水环境标准及其对我国的启示[J].中国水利,2005(11):41-43.

[16]任丽军,安强,韩美.山东省水环境安全问题及对策研究[J].水资源保护,2005,21(3):39-41.

[17]胡必彬.欧盟水环境标准体系[J].环境科学研究,2005,18(1):45-47.

[18]常纪文.环境法基本原则:国外经验及对我国的启示[J].宁波职业技术学院学报,2006,10(1):28-33.

[19]史会剑.我国北方地区水污染物排放标准实践与创新[J].环境与可持续发展,2015,40(1):4.

[20]魏艳红,曾向东,宁平.浅析我国的环境标准[J].冶金标准化与质量,2006,44(1):51-53.

[21]曹颖.环境绩效评估指标体系研究——以云南省为例[J].生态经济,2006(5):330-332.

[22]董西明.科技进步对山东经济增长的贡献率分析[J].工业技术经济,2006,25(1):98-100.

[23]武周虎,乔海涛,付莎莎,等.南水北调东线工程对南四湖环境的影响及对策[J].青岛理工大学学报,2006,27(1):1-5.

[24]黄德春,刘志彪.环境规制与企业自主创新——基于波特假设的企业竞争优势构建[J].中国工业经济,2006(3):102-108.

[25]廉丽姝,李为华,朱平盛.山东省近40年气候变化特征[J].气象科技,2006,34(1):57-60.

[26]刘丽敏,杨淑娥,袁振兴.国际环境绩效评价标准综述[J].统计与决策,2007(8):150-153.

[27]徐宗学,孟翠玲,赵芳芳.山东省近40a来的气温和降水变化趋势分析[J].气象科学,2007,27(4):32-35.

[28]王洪臣,陈珺,谢晓慧.让污水处理排放标准在行业改革发展中归

位[J].环境经济杂志,2007(6):58-60.

[29]马治人.河流水环境容量与排放标准的制定[J].黑龙江水利科技,2007,3(3):4-5.

[30]冉丹,李燕群,张丹,等.论我国水污染物排放标准的现状及特点[J].环境研究与监测,2012,25(4):5.

[31]吴丹,李薇,肖锐敏.水环境容量与总量控制在制定排放标准中的应用[J].环境科学与技术,2005,28(2):3.

[32]曹颖,曹东.中国环境绩效评估指标体系和评估方法研究[J].环境保护,2008(14):36-38.

[33]K.拉姆,张沙,张兰.莱茵河水资源管理的创新[J].水利水电快报,2009,30(9):59-62,84.

[34]薛伟贤,刘静.环境规制及其在中国的评估[J].中国人口·资源与环境,2010,20(9):70-77.

[35]杨波,尚秀莉.日本环境保护立法及污染物排放标准的启示[J].环境污染与防治,2010,23(6):94-97.

[36]傅京燕,李丽莎.环境规制、要素禀赋与产业国际竞争力的实证研究——基于中国制造业的面板数据[J].管理世界,2010(10):87-98.

[37]张成,于同申,郭路.环境规制影响了中国工业的生产率吗——基于DEA与协整分析的实证检验[J].经济理论与经济管理,2010(3):13-19.

[38]周启星.环境基准研究与环境标准制定进展及展望[J].生态与农村环境学报,2010,26(1):1-8.

[39]王燕,施维蓉.《欧盟水框架指令》及其成功经验[J].节能与环保,2010(7):14-16.

[40]谢刚,史会剑,谢锋,等.山东省造纸工业水污染物排放标准实施绩效分析[J].中国人口·资源与环境,2010,20(S2):129-131.

[41]司蔚.我国水污染物排放标准评析[J].环境监测管理与技术,2010,22(4):7-9.

[42]常纪文.环境标准的法律属性和作用机制[J].环境保护,2010(9):35-37.

[43]商广宇,黄学军.浅议山东省地下水合理开发利用与保护[J].山东国土资源,2010,26(3):1-5.

[44]聂蕊,宁平,曾向东.美国污染物排放标准对制定我国锡工业污染物排放标准的启示[J].环境科学导刊,2010,29(2):16-18.

[45]史会剑,蔡燕,谢刚.山东省流域水污染物综合排放标准[J].中国环境管理干部学院学报,2011,21(3):1-3.

[46]王艳捷.基于流域管理和有毒物质控制的地方污染物排放标准发展探讨[J].上海环境科学,2011,30(4):143-146.

[47]张成,陆旸,郭路,等.环境规制强度和生产技术进步[J].经济研究,2011,46(2):113-124.

[48]曹朴芳.认清形势、抓住机遇,开创中国造纸工业"十二五"发展的新局面[J].中华纸业,2011(21):9-10.

[49]聂辉华,江艇,杨汝岱.中国工业企业数据库的使用现状和潜在问题[J].世界经济,2012(5):142-158.

[50]李玲,陶锋.中国制造业最优环境规制强度的选择——基于绿色全要素生产率的视角[J].中国工业经济,2012(5):70-82.

[51]陈小翠,王仁卿,刘建.山东省生物多样性的研究现状与发展趋势[J].安徽农业科学,2013,41(7):3099-3102.

[52]陈林,伍海军.国内双重差分法的研究现状与潜在问题[J].数量经济技术经济研究,2015(7):133-148.

[53]董晨.浅谈我国造纸工业的特点及污染防治现状[J].科学中国人,2015(6):97.

[54]陈瑶,刘红磊,卢学强,等.我国行业水污染物排放标准的制定现状、问题及建议[J].环境保护,2016,44(19):51-55.

[55]周羽化,武雪芳.中国水污染物排放标准40余年发展与思考[J].环境污染与防治,2016,38(9):99-104+110.

[56]常纪文,张俊杰."十三五"期间中国的环境保护形势[J].环境保护,2016,44(Z1):39-42.

[57]卢延娜,雷晶,马占云,等.地方水污染物排放标准发展现状及制订

研究[J].环境保护,2016,44(7):57-59.

[58]原毅军,苗颖,谢荣辉.环境规制绩效及其影响因素的实证分析[J].工业技术经济,2016,35(267):94-99.

[59]孙文远,杨琴.环境规制对就业的影响——基于我国"两控区"政策的实证研究[J].审计与经济研究,2017,32(5):96-107.

[60]史会剑.流域型水污染物排放标准的定位、方法与策略[J].环境与可持续发展,2018,43(1):50-53.

[61]张景博.标准化管理提升竞争力的措施探讨[J].中国有色金属,2019(13):66-68.

[62]史会剑,于光金.关于污染物排放"领跑者"标准的思考[J].环境与可持续发展,2020(4):132-135.

[63]杜晨,徐嘉璐,陈莹.山东省地下水超采区治理效果与建议[J].中国水利,2020(1):30-32.

三、其他类

[1]张波,谢刚,史会剑,等.制浆造纸工业水污染物排放标准研究报告[R].2008.

[2]谢刚,史会剑.制定地方标准,引导和促进环境保护与经济发展共赢[R].2008.

[3]张波,张建,张化永,等.南水北调东线南四湖流域污染综合治理技术体系创新与应用研究报告[R].2010.

[4]罗孜.完善北京市地方水污染物排放标准体系研究[D].北京:北京市环境保护科学研究院,2010.

[5]郑晓宇.33年之路(1973~2005):中国水污染物排放标准历史回顾与未来发展[C].首届九寨天堂国际环境论坛论文集,2005.

[6]张波.创新思路抓好流域污染防治[N].中国环境报,2008-7-21.

[7]张波.让经济与环保和谐发展[N].联合日报,2011-11-18.

外文文献

[1]BELOVA A，GRAY W B，LINN J，et al．Environmental regulation and industry employment：a reassessment［M］．New York：Social Science Electronic Publishing，2013．

[2]JEFFERSON G H，TANAKA S，YIN W．Environmental regulation and industrial performance：evidence from unexpected externalities in China［M］．New York：Social Science Electronic Publishing，2013．

[3]KEITH C，MAO Z．Costs of selected policies to address air pollution in China［M］．Santa Monica，California：Rand Corporation，2015．

[4]GREENSTONE M．The impacts of environmental regulations on industrial activity：evidence from the 1970 & 1977 clean air act amendments and the census of manufactures［J］．Michael Greenstone，1998，110（6）：1175-1219．

[5]YU C，SHI L，WANG Y，et al．The eco-efficiency of pulp and paper industry in China：an assessment based on slacks-based measure and Malmquist-Luenberger index［J］．Journal of Cleaner Production，2016，127（20）：511-521．

[6]YUAN Z W，BI J，YUICHI M．The circular economy：a new development strategy in China［J］．Journal of Industrial Ecology，2006（10）：4-9．

[7]ZENG S X，TAM C M，TAM V W Y，et al．Towards implementation of ISO14001 environmental management systems in selected industries in China［J］．Journal of Cleaner Production，2005（13）：645-656．

[8]ZHANG B，BI J，YUAN Z W，et al．Why do firms engage in environmental management? An empirical study in China［J］．Journal of Cleaner Production，2008，16（10）：1036-1045．

［9］ZHANG Y,SU L,PHILLIPS P C B.Testing for common trends in semi-parametric panel data models with fixed effects［J］. Econometrics Journal,2012,15(1):56-100.

［10］WANG Y T,YANG X C,SUN M X,et al.Estimating carbon emissions from the pulp and paper industry:a case study［J］. Applied Energy,2016,184:779-789.

［11］WEN Z G,DI J H,ZHANG X Y.Uncertainty analysis of primary water pollutant control in China's pulp and paper industry［J］.Journal of Environmental Management,2016,169:67-77.

［12］GERVEN T,BLOCK C,GEENS J,et al.Environmental response indicators for the industrial and energy sector in Flanders［J］. Journal of Cleaner Production,2007,15:886-894.

［13］VEHMAS J,LUUKKANEN J,KAIVO-OJA J.Linking analyses and environmental Kuznets curves for aggregated material flows in the EU ［J］. Journal of Cleaner Production,2007,15:1662-1673.

［14］WALKER W R. Environmental regulation and labor reallocation: evidence from the Clean Air Act［J］.The American Economic Review,2011, 101(3):442-447.

［15］WALTER I,UGELOW J. Environmental policies in developing countries［J］. AMBIO:A Journal of the Human Environment,1979(8): 102-109.

［16］WANG Y,JIAN L,HANSSON L,et al.Implementing stricter environmental regulation to enhance eco-efficiency and sustainability:a case study of Shandong Province's pulp and paper industry,China［J］.Journal of Cleaner Production,2011,19(4):303-310.

［17］WANG Y,MAO X. Risk analysis and carbon footprint assessments of the paper industry in China［J］. Human & Ecological Risk Assessment An International Journal,2013,19:410-22.

［18］SUN Y,DU J,WANG S. Environmental regulations,enterprise

productivity, and green technological progress: large-scale data analysis in China[J]. Annals of Operations Research, 2019(1): 1-16.

[19]SZABO L, SORIA A, FORSSTROM J, et al. A world model of the pulp and paper industry: demand, energy consumption and emission scenarios to 2030[J]. Environmental Science & Policy, 2009, 12: 257-269.

[20]TARANCÓN M Á, DEL RÍO P. CO_2 emissions and intersectoral linkages: the case of Spain[J]. Energy Policy, 2007, 35: 1100-16.

[21]THOMAS W. Do environmental regulations impede economic growth? A case study of the metal finishing industry in the South Coast Basin of Southern California[J]. Economic Development Quarterly, 2009, 23: 329-341.

[22]TRESTIAN R, ORMOND O, MUNTEAN G M. Energy-quality-cost trade off in a multimedia-based heterogeneous wireless network environment[J]. IEEE Transactions on Broadcasting, 2013, 59(2): 340-357.

[23]TRIEBSWETTER U, HITCHENS D. The impact of environmental regulation on competitiveness in the German manufacturing industry—a comparison with other countries of the European Union[J]. Journal of Cleaner Production, 2005, 13: 733-745.

[24]STENQVIST C. Trends in energy performance of the Swedish pulp and paper industry: 1984-2011[J]. Energy Efficiency, 2015, 8: 1-17.

[25]SUN C. An investigation of China's import demand for wood pulp and wastepaper[J]. Forest Policy and Economics, 2015, 61: 113-121.

[26]SEPPALA J, MELANEN M, MAENPAA I, et al. How can the eco-efficiency of a region be measured and monitored? [J]. Journal of Industrial Ecology, 2005, 9: 117-130.

[27]SHAN Y, LIU Z, GUAN D. CO_2 emissions from China's lime industry[J]. Applied Energy, 2016, 166: 245-252.

[28]PAN Y, BIRDSEY R A, FANG J, et al. A large and persistent carbon sink in the world's forests[J]. Science, 2011, 333(6045): 988-993.

[29]PENG L, ZENG X, WANG Y, et al. Analysis of energy efficiency

and carbon dioxide reduction in the Chinese pulp and paper industry[J].
Energy Policy,2015,80:65-75.

[30] POKHREL D, VIRARAGHAVAN T. Treatment of pulp and
paper mill wastewater—a review[J].World Pulp & Paper,2005,333(1-3):
37-58.

[31]POOPAK S,AGAMUTHU P. Life cycle impact assessment (LCIA)
of paper making process in Iran[J].African Journal of Biotechnology,2011,10:
4860-4870.

[32] PORTER M E, LINDE C V D. Towards a new conception of the
environment-competitiveness relationship[J].Journal of Economic Perspectives,
1995,4(4):97-118.

[33]PORTER M E.America's green strategy[J].Scientific American,
1991,264(4):193-246.

[34]PORTER M E, VANDERLINDE C.Toward a new conception of
the environment-competitiveness relationship [J]. Journal of Economic
Perspectives,1995,9:97-118.

[35] POSCH A, BRUDERMANN T, BRASCHEL N, et al. Strategic
energy management in energy-intensive enterprises:a quantitative analysis
of relevant factors in the Austrian paper and pulp industry[J].Journal of
Cleaner Production,2015,90:291-299.

[36] RASSIER D G, EARNHART D. The effect of clean water
regulation on profitability: testing the porter hypothesis [J]. Land
Economics,2010,86(2):329-344.

[37] RAUSCHER M. Environmental regulation and the location of
polluting industries[J].International Tax and Public Finance,1995,2(2):
229-244.

[38]REIJNDERS L.Policies influencing cleaner production:the role of
prices and regulation [J]. Journal of Cleaner Production, 2003, 11 (3):
333-338.

[39]ROTHWELL R.Industrial innovation and government environmental regulation:some lessons from the past[J].Technovation,1992,12(7):447-458.

[40]SANCHEZ-VARGAS A,MANSILLA-SANCHEZ R,AGUILAR-IBARRA A.An empirical analysis of the nonlinear relationship between environmental regulation and manufacturing productivity[J].Journal of Applied Economics,2013,16(2):357-372.

[41]LOPES E,DIAS A,ARROJA L,et al.Application of life cycle assessment to the Portuguese pulp and paper industry[J].Journal of Cleaner Production,2003,11:51-59.

[42]LOPEZ-GAMERO M D,MOLINA-AZORIN J F,CLAVER-CORTES E.The potential of environmental regulation to change managerial perception, environmental management, competitiveness and financial performance [J]. Journal of Cleaner Production,2010,18(10-11):963-974.

[43]LUKEN R,ROMPAEY F V.Drivers for and barriers to environmentally sound technology adoption by manufacturing plants in nine developing countries[J]. Journal of Cleaner Production,2008,16(1-supp-S1):S67-S77.

[44]MCDERMOTT C L,IRLAND L C,PACHECO P.Forest certification and legality initiatives in the Brazilian Amazon:lessons for effective and equitable forest governance[J].Forest Policy and Economics,2015,50:134-142.

[45]MÖLLERSTEN K,GAO L,YAN J,et al.Efficient energy systems with CO_2 capture and storage from renewable biomass in pulp and paper mills[J]. Renewable Energy,2004,29:1583-1598.

[46]NAQVI M,YAN J,DAHLQUIST E.Bio-refinery system in a pulp mill for methanol production with comparison of pressurized black liquor gasification and dry gasification using direct causticization[J]. Applied Energy,2012,90:24-31.

[47]NAQVI M,YAN J,DAHLQUIST E.Energy conversion performance of black liquor gasification to hydrogen production using direct causticization with CO_2 capture[J].Bioresource Technology,2012,110(1):637-644.

[48]KHAREL G P,CHARMONDUSIT K.Eco-efficiency evaluation of iron rod industry in Nepal[J].Journal of Cleaner Production,2008,16: 1379-1387.

[49]KONG L,HASANBEIGI A,PRICE L.Assessment of emerging energy-efficiency technologies for the pulp and paper industry:a technical review[J].Journal of Cleaner Production,2016,122(20):5-28.

[50]KUOSMANEN T,KORTELAINEN M.Measuring eco-efficiency of production with data envelopment analysis[J].Journal of Industrial Ecology,2005,9:59-72.

[51]YANG L,WANG K L.Regional differences of environmental efficiency of China's energy utilization and environmental regulation cost based on provincial panel data and DEA method[J].Mathematical and Computer Modelling,2013,58(5):1074-1083.

[52]LANOIE P,LAURENT-LUCCHETTI L,JOHNSTONE N,et al. Environmental policy,innovation and performance:new insights on the Porter hypothesis[J].Journal of Economics & Management Strategy,2011, 20(3):803-842.

[53]LAURIJSSEN J,FAAIJ A,WORRELL E.Energy conversion strategies in the European paper industry—a case study in three countries[J]. Applied Energy,2012,98:102-113.

[54]LAURIJSSEN J,MARSIDI M,WESTENBROEK A,et al. Paper and biomass for energy? the impact of paper recycling on energy and CO_2 emissions[J].Resources Conservation & Recycling,2010,54(12): 1208-1218.

[55]LEI S.Eco-innovation:conception,hierarchy and research progress[J]. Acta Ecologica Sinica,2010,30(9):2465-2474.

[56]LEVINSON A,TAYLOR M S.Unmasking the pollution haven effect[J].International Economic Review,2008,49(1):223-254.

[57]LINDMARK M,BERGQUIST A K,ANDERSSON L F.Energy

transition, carbon dioxide reduction and output growth in the Swedish pulp and paper industry:1973-2006[J].Energy Policy,2011,39:5449-5456.

[58]LIU M,SHADBEGIAN R,ZHANG B.Does environmental regulation affect labor demand in China? Evidence from the textile printing and dyeing industry[J].Journal of Environmental Economics & Management,2017,86(11): 277-294.

[59]LIU Z,GUAN D,WEI W,et al.Reduced carbon emission estimates from fossil fuel combustion and cement production in China[J]. Nature, 2015,524:335-338.

[60] LIU Z. National carbon emissions from the industry process: production of glass, soda ash, ammonia, calcium carbide and alumina[J]. Applied Energy,2016,166:239-244.

[61] LIU B B, YU Q Q, ZHANG B, et al. Does the Green Watch program work? Evidence from a developed area in China[J].Journal of Cleaner Production,2010,18:454-461.

[62]LODENIUS M,HEINO E,VIIJAKAINEN S.Introducing a new model for material savings in the Finnish paper industry[J].Resources Conservation and Recycling,2009,53:255-261.

[63]JAFFE A B,PETERSON S R,PORTNEY P R,et al. Environmental regulation and the competitiveness of U. S. manufacturing: what does the evidence tell us[J]. Journal of Economic Literature,1995,33:132-163.

[64]SHENG J,ZHOU W,ZHANG S.The role of the intensity of environmental regulation and corruption in the employment of manufacturing enterprises: evidence from China[J]. Journal of Cleaner Production,2019,219(5):244-257.

[65] KARL-GEERT M. Cleaning up the river rhine[J]. Science American,1999(1):70-75.

[66]GROSSMAN G K A.Economic growth and the environment[J]. Quarterly Journal of Economics,1995,10(2):353-377.

[67] GROTE U, DEBLITZ C, STEGMANN S. Total costs, environmental standards and international competitiveness—Case study results for selected agricultural products from Brazil, Germany and Indonesia [J]. Berichte Uber Landwirtschaft, 2001, 79:234-250.

[68] HAFSTEAD M A C, WILLIAMS R C I. Unemployment and environmental regulation in general equilibrium [J]. Journal of Public Economics, 2018, 160(4):50-65.

[69] HAO H, GENG Y, HANG W. GHG emissions from primary aluminum production in China:regional disparity and policy implications[J]. Applied Energy, 2016, 166:264-272.

[70] HE J. Pollution haven hypothesis and environmental impacts of foreign direct investment:the case of industrial emission of sulfur dioxide (SO_2) in Chinese provinces[J].Ecological Economics, 2006, 60:228-245.

[71] FARLA J, BLOK K, SCHIPPER L.Energy efficiency developments in the pulp and paper industry:a cross-country comparison using physical production data[J].Energy Policy, 1997, 25:745-758.

[72] FERNANDEZ-VINE M B, GOMEZ-NAVARRO T, CAPUZ-RIZO S F. Eco-efficiency in the SMEs of Venezuela:current status and future perspectives[J].Journal of Cleaner Production, 2010, 18:736-746.

[73] GAVRONSKI I, FERRER G, PAIVA E L.ISO 14001 certification in Brazil:motivations and benefits[J].Journal of Cleaner Production, 2008, 16:87-94.

[74] GENG Y, WANG X B, ZHU Q H, et al.Regional initiatives on promoting cleaner production in China:a case of Liaoning[J].Journal of Cleaner Production, 2010, 18:1502-1508.

[75] GRAY W B, SHADBEGIAN R J, WANG C, et al.Do EPA regulations affect labor demand? Evidence from the pulp and paper industry[J].Journal of Environmental Economics and Management, 2014, 68(1):188-202.

[76]EHRLICH P R,HOLDREN J P.Impact of population growth[J].Science,1971,171(3977):1212-1217.

[77]ELLISON G,GLAESER E L,KERR W R.What causes industry agglomeration? Evidence from coagglomeration patterns [J]. American Economic Review,2010,100(3):1195-1213.

[78]DAVIS K F,YU K,HERRERO M,et al.Historical trade-offs of livestock's environmental impacts [J]. Environmental Research Letters, 2015,10(12):1-10.

[79]DOWELL G,HART S,YEUNG B.Do corporate global environmental standards create or destroy market value? [J]. Management Science,2000,46: 1059-1074.

[80]DAS M,DAS S K.Can stricter environmental regulations increase export of the polluting good? [J].Journal of Economic Analysis & Policy, 2007,7(1):1717.

[81]VANDERPOORTEN A.Aquatic bryophytes for a spatio-temporal monitoring of the water pollution of the rivers Meuse and Sambre (Belgium)[J].Environmental Pollution,1999,104(3):401-410.

[82]ASHRAFI O, YERUSHALMI L, HAGHIGHAT F.Greenhouse gas emission by wastewater treatment plants of the pulp and paper industry—modeling and simulation[J].International Journal of Greenhouse Gas Control,2013,17:462-472.

[83]BECKER R A. Local environmental regulation and plant-level productivity[J].Ecological Economics,2011,70(12):2516-2522.

[84]BERMAN E, LINDA T M B. Environmental regulation and productivity:evidence from oil refineries[J].The Review of Economics and Statistics,2001,83(3):498-510.

[85]BRANDT L,VAN BIESEBROECK J,ZHANG Y.Creative accounting or creative destruction? Firm-level productivity growth in Chinese manufacturing[J]. Journal of Development Economics,2012,97(2):339-351.

[86]CONSONNI S,KATOFSKY R E,LARSON E D.A gasification-based biorefinery for the pulp and paper industry[J].Chemical Engineering Research & Design,2009,87(9):1293-1317.

[87]DAHLSTROM K,EKINS P.Eco-efficiency trends in the UK steel and aluminum industries[J].Journal of Industrial Ecology,2008,9(4):171-188.

[88]BROWNE T C,FRANCIS D W,TOWERS M T.Energy cost reduction in the pulp and paper industry:an overview increased energy efficiency can lead to improved competitive advantage[J].Pulp & Paper Canada,2001,102(2):26-30.

[89]CANEGHEM J V,BLOCK C,CRAMM P,et al.Improving eco-efficiency in the steel industry:the Arcelor Mittal Gent case[J].Journal of Cleaner Production,2010,18(8):807-814.

[90]CHANG Y.Energy and environmental policy[J].The Singapore Economic Review,2015,60(3):1-20.

[91]BROWN R S,CHRISTENSEN L R.Estimating elasticities of substitution in a model of partial static equilibrium:an application to U.S. agriculture,1947-1974 [C]//SSRI Workshop Series,University of Wisconsin-Madison,Social Systems Research Institute,1980.

[92]THORME M.Clean water act section 305(b):a potential avenue for incorporating economic into the TMDL process [C]//Water Environment Federation annual conference & exposition:WEFTEC'99.0.

[93]European Commission.Council Directive 96/61/EC of 24 September 1996 concerning integrated pollution prevention and control[S].1996.

[94]European Commission and the Parliament.Council Directive of the European Parliament and of the council 2000/60/EC establish a framework for community action in the field of water policy[S].2000.

[95]OECD.The global environmental goods and services industry[Z]. Pairs:Organization for Economic Co-operation and Development,1996.

［96］Revision of methodology for deriving national ambient water quality criteria for the protection of human health：Report of workshop and EPA's preliminary recommendations for revision［R］. 1993.

［97］STIGSON B. Eco-efficiency：Creating more value with less impact［Z］.2000.